EUROPAVERLAG

NICOLE BRANDES

WE-Q
WIR-INTELLIGENZ

Warum wir ohne sie untergehen
und mit ihr wirklich erfolgreich werden

EUROPAVERLAG

»Wer die Evolution der Arbeitswelt verstehen und sich wie auch die Gesellschaft darauf vorbereiten will, findet im Buch von Nicole Brandes eine überzeugende und herausfordernde Basis!«
— THOMAS SCHMIDHEINY, UNTERNEHMER

»Wenn wir die Zukunft gestalten wollen, müssen wir vor allem verstehen, wie wir eine dynamische, komplexe Welt bewältigen. Es geht um die Evolution der menschlichen Kooperation. Davon handelt dieses kluge Buch.«
— MATTHIAS HORX, ZUKUNFTSFORSCHER

»Ein visionäres Buch zur richtigen Zeit! Nicole Brandes gibt jedem Berufstätigen inspirierende Denkanstöße, um sich jetzt mit den kommenden Veränderungen auseinanderzusetzen und sich selber neu zu erfinden!«
— RAINER-MARC FREY, UNTERNEHMER

»Mit Mitarbeitenden und Kunden spürbar verbunden sein, zeichnet KMU-Unternehmer oft aus. Die große Kunst ist, das in einer immer schneller, globaler und komplexer werdenden Wirtschaft beizubehalten. Nicole Brandes beschreibt Wege, wie das gelingen kann.«
— HANS-ULRICH BIGLER, DIREKTOR SCHWEIZERISCHER GEWERBEVERBAND SGV UND NATIONALRAT FDP ZÜRICH

»Starker und praxisorientierter Rat für Macher in einer sich radikal verändernden Welt.«

»Über Trends und Lösungen für die Zukunft gibt es unzählige Bücher, aber das Buch von Nicole Brandes ist wegweisend – ein Muss für Unternehmer und Entscheider, um sich fit für die Zukunft zu machen.«

»Für Führungspersönlichkeiten, die etwas bewegen wollen, stellt Nicole Brandes entscheidende Fragen und geht ganz neuen Antworten auf den Grund.«

»Nicole Brandes ist zukunftsweisend. Ein starkes Buch zur richtigen Zeit für Führungspersönlichkeiten mit Weitblick.«

»Nicole Brandes' Buch bringt moderne Leadership auf den Praxispunkt. Und sie zeigt den Weg in die Zukunft, den innovative Köpfe schon erfolgreich gehen.«

© 2016 Europa Verlag GmbH & Co. KG, Berlin · München · Zürich
Umschlag: Hauptmann & Kompanie Werbeagentur, Zürich,
nach einer Idee von artundweise GmbH, Bremen
Umschlagmotiv: Jeannette Meier Kamer, Seewen
Layout: Blatthirsch GmbH, Seewen
Satz: BuchHaus Robert Gigler, München
Grafiken: Yusuf Asikin, Jakarta
Druck und Bindung: cpi Clausen & Bosse, Leck

ISBN 978-3-95890-018-9

FÜR MA MA.
MÖGE JEDE FÜHRUNGSPERSÖNLICHKEIT DEINE
UNERSCHÜTTERLICHE STÄRKE UND DEINEN UNENDLICHEN
WISSENSDURST HABEN.

113 03
DIE NEUE WORKFORCE

145 04
DER NEUE KERN

»Wenn man die Welt mit den Augen eines Kindes betrachtet, glaubt man, alle Dinge auf der Welt hätte es schon immer gegeben. Man erkennt keinen Unterschied zwischen Bäumen und Flugzeugen. Beide sind einfach da, und man denkt nicht darüber nach, wann und wie sie in die Welt gekommen sind. Dann aber wird man älter und versteht auf einmal, wie viele Dinge um uns herum von Menschen gemacht worden sind. Viele sogar vor nicht allzu langer Zeit. Man sieht dann plötzlich ein: Die Welt ist nicht statisch. Sie ist von Menschen geändert worden. Und weil man selbst ein Mensch ist, erkennt man auf einen Schlag, dass man sie auch ändern kann. Mit einem Mal wird man sehr mächtig. Ich kann mich an diesen Moment in meinem Leben sehr genau erinnern.«

— STEVE JOBS IN EINEM TV-INTERVIEW, ZITIERT NACH KEESE, SILICON VALLEY

—WAS KOMMT JETZT?

Steve Jobs wird als Gutenberg des 21. Jahrhunderts bezeichnet. Jeff Bezos als Edison. Und ob Elon Musk mit Einstein verglichen wird, weiss ich nicht. Aber zusammen mit Larry Page und Sergey Brin, Zuckerberg und Co. gehören sie zu den Zukunftsbauern unserer Welt. So unterschiedlich sie alle sind, eines verbindet sie: ihr Genius und der Erfindergeist, mit dem sie den Raum des Unmöglichen mit Realität füllen. Und damit unsere Welt und uns Menschen verändern.

Als Teenager stellte ich mir immer vor, dass wir unser Leben in Schuhschachteln zwängen. Wenn ich Leute fragte, ob sie etwas außerhalb der Schuhschachteln machen wollten, sagten sie: Nein. Oder: Ich würde ja gern, aber ich kann nicht. Wenn ich sie fragte, warum, kamen dann Antworten wie: geht nicht, weiss nicht, darf nicht. Ich habe diese Begrenzungen nie verstanden. Im Geist bin ich immer an die Ränder der Schuhschachteln gegangen, habe die Wände angestoßen und ... puff!, sind sie umgekippt. Es gibt keine Grenzen. Nur eigene. Innere. Und auch die lassen sich sprengen.

Man kann Steve Jobs mögen oder nicht. Aber er war mit Sicherheit einer, der alle Schuhschachteln dieser Welt aus seinem Leben weggefegt hat. Wir müssen nicht alle Genies sein, um die Zukunft mitzugestalten. Aber die Bereitschaft, über eigene Schuhschachteln hinwegzusteigen, und den Mut, sich auf neues Terrain zu begeben, braucht es schon. Und die Erkenntnis, dass wir es allein nicht schaffen.

Wir leben in atemberaubenden Zeiten, da das Unmögliche zur Regel zu werden scheint. Ob wir dies zum Guten oder Schlechten nutzen, hängt von jedem Einzelnen ab. UnternehmerInnen und ManagerInnen der Zukunft sind starke Persönlichkeiten, welche die Weisheit der Gemeinschaft nutzen und als Multiplikatoren in die richtige Richtung lenken. Das ist eine anspruchsvolle interdisziplinäre Aufgabe. Ich fasse diese Fähigkeiten, die wir brauchen, um sie zu lösen, als »Wir-Intelligenz« zusammen. Denn je mehr technologische Entwicklung, desto mehr menschliche Kompetenzen sind gefragt. »We-Q« wird zum entscheidenden Erfolgsfaktor. Das wird meines Erachtens noch völlig unterschätzt. Ich habe deshalb dieses Buch geschrieben. Weiche Faktoren sind die harte Währung der Zukunft.

Ich möchte Sie mit diesem Buch zum Weiterdenken und zu vielen Diskussionen anregen. Darüber, wie wir zukunftsfähig bleiben. Und darüber, wie wir über uns selbst hinauswachsen können, indem wir Verantwortung übernehmen. Auch dort, wo es notwendig ist, einen Richtungswechsel einzuleiten, um das Gute zu fördern und die Schäden zu heilen, die wir uns und unserem Planeten antun.

— NICOLE BRANDES,
IM FÜHLING 2016, CUPERTINO

01

DAS NEUE UMFELD –
DIE ZUKUNFT VERSTEHEN

—— DIE TRANSFORMATION HAT BEGONNEN

Wahrscheinlich finden Raupen den Kokon, den sie um sich herum bauen, zu Beginn ganz gemütlich. Aber je mehr sie sich der großen Transformation ihres Lebens nähern, desto mehr fühlen sie sich von der selbst gemachten Hülle eingeengt. Vielleicht fürchten sie sich vor dem, was sie draußen erwartet, weil sie sich einen Schmetterling beim besten Willen nicht vorstellen können. Aber das Unbehagen wird schließlich groß genug, dass sie den Kokon sprengen.

Wir erleben heute eine tief greifende geschichtliche Transformation. Wir – das sind alle Menschen. Die Transformation geht insofern tief, als sie fast alles verändert: unser Denken, unser Handeln, unsere Spielzeuge und schließlich auch unsere Identität. In einer Welt, die in zunehmendem Maße durch Volatilität, Ungewissheit, Komplexität und Mehrdeutigkeit geprägt ist, sieht sich das Individuum herausgefordert und infrage gestellt: Wie soll ich als einzelner Mensch Orientierung gewinnen, Urteile fällen, Handlungsziele setzen und – vor allem – etwas bewirken, das ich verantworten kann? Solche Fragen können dem Entscheidungsträger ein Gefühl der Hilflosigkeit vermitteln, sie können ihn lähmen oder sogar außer Gefecht setzen. Auch ungelöste Probleme können zur Schachtel werden, die uns gefangen hält. Das wiederum erhöht den Druck vonseiten konkurrierender Player, die nach neuen Regeln agieren.

Komplexität ist der wichtigste Auslöser für die wachsende Zahl von politischen und ökonomischen Krisen, aber auch von persönlichen Missverständnissen.

Die Welt ist heute vielleicht nicht komplexer als früher. Die Menschen haben lediglich in jüngster Zeit immer schneller immer mehr über sie herausgefunden.

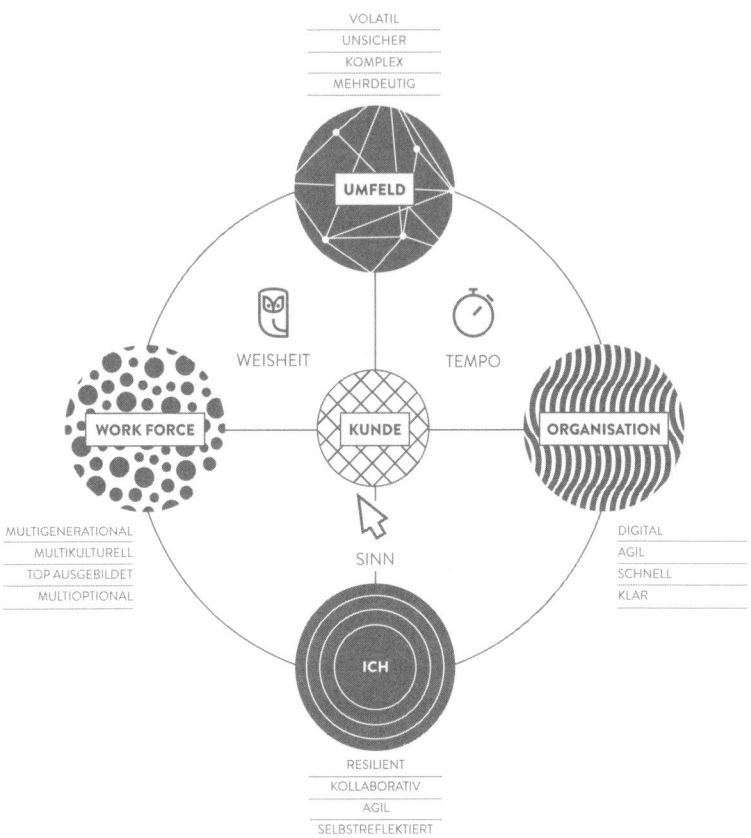

Und dann haben sie ihr ganzes riesiges Wissen in einen neuen Code übersetzt, der das Wissen selbstständig vernetzt, das heißt, selbst laufend neues Wissen schafft. Diese Übersetzung heißt Digitalisierung. Unser Wissen ist von unüberschaubarer Komplexität. Und unser Wissen hat sich durch Übersetzung vom Analogen ins Digitale verwandelt. Es hat eine Eigendynamik entwickelt, die den Büchern und Fachzeitschriften fremd war. Mit diesen aber haben die Senior Executives und grauen Eminenzen in Politik und Wirtschaft ihre Qualifikationen erworben. Unsere Wirtschaft wird teils noch von Vertretern jener fremd gewordenen, überlebten und fast schon ausgestorbenen Kultur dominiert. Weil sie noch heute mit Methoden von vorgestern die Probleme von morgen lösen wollen, werden die Methoden selbst zum Teil des Problems. Da sind wir später Geborenen gefordert, Überzeugungsarbeit zu leisten. Denn wir sind nicht nur die Nachfahren, wir sind auch Kinder einer anderen, sich rasend schnell verändernden Zeit. Und wir sind aufgerufen, verantwortungsvolle Eltern der Zukunft zu werden.

—— »ALLES, WAS DIGITALISIERT WERDEN KANN, WIRD DIGITALISIERT.«

DINGE UNTER SICH

Die ursprüngliche Fassung des Satzes war der langjährige Slogan der Agentur für digitale Transformation Razorfish: *Everything that can be digital will be.*

Bei Razorfish soll der Satz inzwischen zu einer Art Gruß oder Mantra geworden sein. Sagt er die Umkehrung der Verhältnisse zwischen physischer und virtueller Welt voraus?

Everything that can be digital will be real? Werden wir bald lediglich noch die virtuelle Welt als wirklich betrachten – die physische als überlebte Illusion? Sicher ist: Das Internet der Dinge erweitert und verdichtet sich unaufhaltsam. Die Dinge vernetzen sich. Der Kühlschrank bestellt das fehlende Gemüse selbst, und die Überwachungskamera gibt dem Rasenmäher den Auftrag, aktiv zu werden, wenn das Gras zu hoch steht. Das sind harmlose Beispiele. Die Entwicklung ist nicht zu stoppen und konfrontiert uns mit

Fragen, welche in dieser neuen Welt die Rolle der Menschen sein wird. Und ob wir den anstehenden Herausforderungen gewachsen sein werden.

WERDEN DIE MASCHINEN DIE MACHT ÜBERNEHMEN?

Ich war letztes Mal im Herbst 2015 im Silicon Valley. Es war der 26. September und ich saß auf der Veranda des Saratoga Inn. Ich weiß es genau, weil nebenan ein zwölfjähriger Junge seiner etwa sechsjährigen Schwester erklärte, was sich eben am Nachthimmel abspielte: *The Supermoon lunar eclipse.* Geschickt nutzte er die nackte Verandabeleuchtung als Sonne, um mittels einer Mandarine als Mond, eingeschoben zwischen Glühbirne und einer Melone als Erde anschaulich zu machen, wie der Schatten der Melone die unschuldige Mandarine verfinstert. Möglicherweise kam die Mandarine auch hinter der Glühbirne zu stehen, ich weiß es nicht, wie ich so vieles nicht weiß. Aber die Kleine war begeistert und fragte:

»Was ist jetzt mit dem *Supermoon*?«

Da wurde es mir zu kompliziert. Ich war entzückt, dass er es nicht am Bildschirm erklärte. Mein Urgroßvater sagte immer: Alles beginnt im Kopf. Auch Lokomotiven, Containerschiffe und Roboter beginnen in menschlichen Köpfen Gestalt anzunehmen. Es gibt merkwürdigerweise kaum Science-Fiction-Filme über Lokomotiven und Containerschiffe, über welche die Menschen die Kontrolle verlieren. Dabei haben die ja diese furchtbar langen Bremswege ...

Dagegen lebt merkwürdigerweise eine ganze SF-Industrie vom Typus des verselbstständigten Roboters. Welche lächerliche Verzerrung: Ein beladener Containerfrachter hat zehn Kilometer Bremsweg, jeder Roboter gehorcht sofort seinem Programm. Mit dem Roboter gewinnen wir die Herrschaft über die Technik zurück.

Zurzeit wird der Roboter gehypt. Ich habe schon in den 1980er-Jahren im Aargau das erste robotisierte Hochregallager einer

Logistikfirma besucht. Flache, vierrädrige Automaten mit rot blinkendem Auge mühten sich emsig zwischen den Regalen, das Material für den jeweiligen Auftrag zusammenzustellen. Sie wichen sich rücksichtsvoll aus, und wenn die rote Lampe schwächer leuchtete und langsamer blinkte, steuerten sie zuckelnd Zapfhähne an. Was mich immer wieder selbst überrascht: Es ist für mich schwierig, gegenüber Robotern keine Gefühle zu entwickeln. Auch und gerade weil sie so brav machen, was wir wollen. Vielleicht erleben Sie das ja ähnlich?

—— KERNFUNKTIONEN

»Manche Leute knacken ihre Fingergelenke. Das ist irritierend genug. Bradford Cross aber knackt beim Reden seine Zehen. Daran muss man sich erst einmal gewöhnen«, schreibt Christoph Keese, Executive Vice President der Axel Springer SE, nach seiner Begegnung mit dem herausragenden Experten für künstliche Intelligenz. Keese schildert Cross in seinem Buch *Silicon Valley* als reichlich verschrobenen Typen in Hawaiihemd und Wollsocken. Sein Unternehmen sammelt im Kundenauftrag Informationen aus dem Netz und stellt sie entsprechend dem Kundeninteresse geordnet dar. Dahinter wirken ausschließlich Algorithmen. Bradford Cross ist ein erfolgreicher Nachrichtenaggregator, weil seine Software besser ist als alle Konkurrenzprodukte.

Damit ist er einer der wahren Zündsätze zukünftiger Technologien, von denen es auch hier, im Silicon Valley, nur wenige gibt. Weiß er, warum alle Entwicklungen im Silicon Valley so ungeheuer schnell vor sich gehen?

Er ist überzeugt, dass insbesondere *Minimal Viable Products (MVP)* für die Schnelligkeit und das innovative Potenzial verantwortlich sind: Die Kunst besteht darin, möglichst früh alles Überflüssige zu eliminieren, um dann die ganze Energie in die Optimierung der Kernfunktionen stecken zu können. *Reduce to the max* – nach diesem Mantra rasen die Kalifornier durch ihre Entwicklungsphasen.

Kein anderer Bereich des Unternehmens war früher nach außen hin gründlicher abgeriegelt als die Abteilung für Forschung und Entwicklung. Leute wie Cross scheinen diese Gewohnheit auf den Kopf zu stellen. Kaum steht der erste Prototyp, will Cross ihn einem potenziellen Kunden in die Hand geben. Er will sehen, was der mit dem Ding anfängt. Zusammen mit dem Kunden entdeckt er erst, in welche Richtung die Entwicklung weiter voranzutreiben ist.

HOUSTON, WE HAVE A PROBLEM

Jim Lovell sandte aus der Raumkapsel Apollo 13 die berühmt gewordenen Worte zur Erde: »Houston, wir haben ein Problem.« Er sprach von einer Explosion an Bord. Wahrscheinlich war Jack Swigert beim Aktivieren der Sauerstofftanks ein Fehler unterlaufen. Das Raumschiff war kaum noch steuerbar. Es lief sehr viel Sauerstoff aus, und die Energieversorgung brach infolgedessen teilweise zusammen.

Es gab nur eine Lösung: Konzentration auf die Kernfunktion. Die Astronauten nahmen die Mondlandefähre in Betrieb und benutzten sie als Rettungsboot. Darauf wurde die Kommandokapsel vollständig ausgeschaltet. So konnten ihre Energiereserven geschont werden. Sie würden lediglich noch für den Wiedereintritt in die Erdatmosphäre und die Wasserung ausreichen. So gelang es, die Kernfunktion zu erfüllen: Die drei Astronauten von Apollo 13 kehrten unbeschadet zur Erde zurück.

Wie immer, wenn sich Veränderungen gebieterisch aufdrängen, geht es um Hindernisse, deren Aufbau eigentlich der Sicherung von Herrschaft dient. Und ebenda spielt der Aufbau des Internets eine einzigartige Rolle. Was sich in der Online-Welt abspielt, kann längst niemand mehr überschauen, geschweige denn beherrschen. Vereinzelte Zensurversuche, die sich etwa auf soziale Plattformen beziehen, ändern nichts daran, dass das Internet noch kaum von Gesetzen reguliert wird. Eric Schmidt bezeichnet es im Buch *Die Vernetzung der Welt* als »das größte Anarchismusexperiment aller Zeiten«, ja es sei »der größte unregulierte Raum der Welt«.

Eric Schmidt ist einer, der es wissen muss. Als US-amerikanischer Informatiker und Manager wirkte er bis 2011 als Chief Executive Officer und später als Executive Chairman bei Google. Im Zuge der Restrukturierung des US-Internetgiganten wurde er Executive Chairman der Google-Dachgesellschaft Alphabet Inc. Seit 2009 zählt er zum Beraterteam von US-Präsident Barak Obama in Technologiefragen und lehrt an der Stanford University.

DIE VIER STUFEN DER INDUSTRIELLEN REVOLUTION:

Die Industrialisierung begann Ende des 18. Jahrhunderts in England. Sie bestand zunächst darin, dass die menschliche Arbeit mechanisiert und in Fabriken verlagert wurde. Die Maschinen wurden durch Wasser- und Dampfkraft betrieben. Das war die erste industrielle Revolution. Sie führte zum radikalen Umbau der Gesellschaft, zur Entstehung des Kapitalismus und des Proletariats.

Die zweite industrielle Revolution folgte zu Beginn des 20. Jahrhunderts. Sie ermöglichte dank Elektrifizierung die billige Produktion von Massenware.

Die dritte industrielle Revolution folgte in den 1970er-Jahren. Treibende Kraft war diesmal der Einsatz elektronischer Datenverarbeitung zur Automatisierung der Produktionsprozesse.

Heute erleben wir, dass die großen Umwälzungen immer schneller aufeinanderfolgen. Diesmal geht der revolutionäre Impuls von der Schaffung künstlicher Intelligenz und davon aus, dass durch Vernetzung eine neue Wirklichkeit entsteht, die physische und virtuelle Dimensionen integriert. Die industrielle Revolution 4.0 hat eben erst begonnen.

Schmidt meint zu Recht, dass das Internet eine der größten Umwälzungen in der Menschheitsgeschichte bewirkt. Allerdings wird dieser Evolutionssprung, so Schmidt weiter, bislang nur von den wenigsten Menschen verstanden. Was in der Nachkriegszeit mit raumgreifenden Rechnern begann, hat sich zu einem physisch nicht greifbaren Beziehungsnetz ausgeweitet, das ein unerschöpfliches Potenzial für die kreative Entfaltung der Menschheit bildet. Es wandelt sich auf verschiedensten Ebenen und wird laufend komplexer. An eine Wiedergewinnung des Überblicks ist nicht zu denken.

»Die Computer sind die Zivilisation. Wenn wir die Computer abschalten, fallen wir in eine Art von Zivilisation zurück, von der wir vergessen haben, wie sie geht«, deklarierte Murray Leinster schon 1946 in seiner visionären Geschichte *A Logic Named Joe*.

Der Prozess, von dem wir sprechen, hat zur Vereinfachung des Lebens geführt. Er hat vor allem den Körper entlastet: Statt die Zeitung im Regen am Kiosk zu holen, informieren wir uns im Internet. Aber der Prozess der Digitalisierung konfrontiert uns zugleich im Kopf mit einer Komplexität, die nicht mehr überschaubar ist. Wie sollen wir uns ohne Horizont orientieren? Und was bedeutet das für Führungskräfte, die richtungweisende Entscheide zu fällen haben? Es kann nicht darum gehen, die Orientierung zurückzugewinnen. Denn es gibt kein Zurück. Wir werden uns auf andere, neue Weise orientieren müssen.

Digitalisierung hat keinen Bremsweg, weil nichts und niemand sie bremsen kann – bis sie an ihre systembedingte Grenze stößt. Das sind die spezifisch menschlichen Eigenschaften. Sie gewinnen gerade vor dem Hintergrund der immer schneller fortschreitenden Digitalisierung besonderen Wert. Sie sind in mancherlei Hinsicht schon heute zur bedrohten Ressource geworden: Intuition, ästhetischer Sinn, erotisches Feingefühl und Erfindergeist. Wie gehen diese Eigenschaften mit der digitalen Umwelt zusammen?

Schmidt deutet es an: Um die Antwort zu finden, müssen wir uns nicht mit der Welt, sondern mit den Menschen beschäftigen. Sie nämlich und ihre Werke sind komplexer geworden. Und das gilt nicht etwa nur von digitalen Produkten und ihren Schöpfern. Der Mensch ist auch zur Naturgewalt geworden.

Klimakonferenzen machen es deutlich: Der Umweltschutz steckt in der Sackgasse. Die unberührte Natur ist zum Traum für Postkartensammler verkommen. Es gibt sie schon lange nicht mehr. Das Anthropozän ist angebrochen, das Zeitalter der Menschen. Wir begnügen uns nicht mehr damit, unsere Namen in die Rinde der Linde am Brunnen vor dem Tore zu ritzen. Alles trägt unsere Spuren. Aber nie war der Mensch so tief mit der Natur verbunden wie jetzt, da er angefangen hat, sie zu verändern – nicht oberflächlich, sondern porentief – bis in den genetischen Bauplan des Lebens und die atomare Struktur der Welt. Wer das erkennt, spürt das Gewicht der Verantwortung. Und wer diese annimmt, gehört zur wachsenden Gemeinschaft jener, die gute Chancen haben, die Erde zu retten.

Es gab in der jüngeren Technikgeschichte schon andere Revolutionen: etwa die Erfindung der Dampfmaschine und die Entdeckung der Elektrizität. Beide dienten unter anderem dazu, dass Menschen, Güter und Informationen schneller und komfortabler transportiert werden konnten. Mit dem Internet aber verbreitet sich Information nun rasend schnell. Sie ist tendenziell allgegenwärtig. Das ist eine Revolution mit wesentlich größerer Baggerschaufel und wohl nie da gewesener Grabungstiefe.

Innerhalb weniger Jahre haben praktisch alle Menschen Zugang zu einer ungeheuren Menge an Informationen gewonnen. Diese einzigartige historische Umwälzung definiert das Wort »Interaktion« völlig neu. Potenziell sind alle Menschen mit allen Menschen vernetzt.

Als ich in Indien war, wurde ich in Dehli von einem jungen, hungrigen Bettler angesprochen. Nachdem ich ihm etwas Geld gegeben hatte und mich verabschieden wollte, sagte der Bettler: »Bitte geben Sie mir Ihre Mailadresse. So können wir in Kontakt bleiben.« »Wieso, haben Sie einen Computer?«, fragte ich. »Nein, aber ich kann im Internetcafé gegenüber kostenlos einen Computer benützen«, erklärte der Bettler.

Wie ein wilder Fluss reißt die Revolution 4.0 alle Menschen mit sich fort. Sie trifft Mächtige und Machtlose, Reiche und Arme, Alte und Junge mit derselben Kraft. Wenn sich Führungspersönlichkeiten der klassischen Schule und traditionelle Institutionen dieser Entwicklung widersetzen, riskieren sie, zu spät zu bemerken, dass sie ihr eigenes Grab geschaufelt haben.

Ich fahre auf dem Freeway 101 von San Francisco Richtung Palo Alto, ins Herz des Silicon Valley, das Epizentrum des 21. Jahrhunderts. Ich rechne mit einer halbstündigen Fahrt. Kurz nach dem Flughafen gerate ich in eine Verkehrsbehinderung. Entnervt komme ich nur noch im Schritttempo voran. Ich kann es nicht ändern, ich stehe im Stau. Während mein Jeep seine tiefen, gurgelnden Motorlaute von sich gibt, kommen meine Gedanken angesichts der Unabänderlichkeit der Lage zur Ruhe. Ich denke darüber nach, dass es doch meist gerade Hindernisse und Umbrüche sind, die letztlich Großes bewirken. Zu meiner Linken erahne ich die San Francisco Bay, meine Gedanken schweifen zu Leland Stanford, einem der innovativsten Entrepreneure des 19. Jahrhunderts, und seiner Frau Jane. Der Tod ihres einzigen Sohnes mit nur 15 Jahren veranlasste das Paar, ihr ganzes Vermögen in die Gründung der Leland Stanford Junior University zu investieren. Heute ist die Stanford University die weltweit forschungsstärkste und renommierteste Universität. Ihr verdankt die Region um die Bay Area den wirtschaftlichen Aufstieg zum mächtigsten Tal der Welt: dem Silicon Valley. Auf einer Fläche von rund 4000 Quadratkilometern erzielen hier um die 500 000 Beschäftigte einen Umsatz von nahezu 200 Milliarden Euro. Zum Vergleich: Der IT-Cluster Rhein-Main-Neckar, der mit seinem Hauptgeschäftsfeld Business Software dem Original nacheifert und als Europas bedeutendste Software-Entwicklungsregion gilt, setzt 42 Milliarden um.

DER GENIUS LOCI TRÄGT HOODY

Hier in dieser Gegend um die Bay Area sitzen all die Firmen, die mit ihren Innovationen täglich unser Leben beeinflussen: Wie würden wir kommunizieren ohne WhatsApp und Facebook?

Nach Informationen suchen ohne Google? Weltweit Waren austauschen ohne eBay? Smart telefonieren ohne Apple? Bücher bestellen ohne Amazon? Drucken ohne Hewlett-Packard? Das sind nur ein paar wenige von Hunderten der Firmen der IT- und Hightech-Industrie, die sich hier niedergelassen haben. Während ich noch immer im Schritttempo vorwärtsschleiche, denke ich an die unglaubliche Rasanz, mit der sich diese digitalisierte Welt weiterentwickelt. Und wie diese Rasanz die Welt verändert. Vorwärtsgetrieben dank der Dichte der hier angesiedelten Firmen und dem kreativen Austausch zwischen findigen Entrepreneuren und kreativen Köpfen in Innovationsschmieden, die über alle Grenzen hinweg die Begabtesten anlocken. Hier, an diesem Ort der Welt, treffen die wichtigsten Merkmale der erfolgreichen Geschäftswelt aufeinander: Innovationspotenz und eine Leadership-Kultur, die das Potenzial der sorgfältig ausgesuchten Mitarbeiter fördert: nämlich die Fähigkeit, Schwachstellen etablierter Unternehmen zu entdecken und bestehende Geschäftsmodelle zu zerstören. Es ist ein spezieller Geist, der hier weht. Man spürt ihn überall. Wer hier überleben will, sei es als Individuum oder Organisation, muss besser und schneller sein als die anderen.

Ein Schweizer, der hier einige Jahre für Google gearbeitet hat, erzählte mir, wie der Arbeitsalltag hier zwar superschnelles Erfassen und Handeln erfordert, während gleichzeitig eine zurückgelehnte, entspannte Kultur herrscht – offensichtlich der Nährboden, auf dem kreative Ideen wachsen:»Stundenlang sind wir zusammengesessen und haben über neuen Ideen gebrütet. Das gesunde Essen wurde uns angeliefert. Sofas standen bereit, um entspannt brainstormen zu können, und wenn wir rasch eine Idee umsetzen wollten, übernachteten wir einfach im Geschäft.« Eine gewisse Besessenheit der Mitarbeitenden wird hier vorausgesetzt –

und von den Führungskräften vorgelebt. Man sagt, dass Menschen, die sich hier für eine Stelle bewerben, vier Mal bessere Referenzen haben müssen als sonst wo auf der Welt. Hier wird groß gedacht, groß geplant, und manchmal fällt man auch groß auf die Nase. Diese Risikobereitschaft stört die hiesigen Kapitalgeber nicht. Auch wenn neun von zehn Start-ups floppen – die, die es schaffen, bringen das investierte Geld längst wieder rein. Und nicht nur das: Sie heben die Welt aus den Angeln. Sie revolutionieren den Markt.

Ja, die digitalisierte Welt ist schnell. Schneller, als ich in der realen Welt auf der sogenannten Schnellstraße vorankomme. Immerhin kann ich in dieser realen Welt meinem Smartphone, ohne die Hände vom Steuer zu nehmen, sagen, es soll das Hotel anrufen und meine Verspätung mitteilen. Es wird eine kurze Nacht.

Am Morgen wecken mich die Hirsche, die ihre Geweihe an den Bäumen reiben. Munter plätschert der Saratoga Creek. Die Zukunft entsteht in dörflicher Stimmung. Die Digitalisierungstreiber scheinen bei jedem Wetter das Gleiche zu tragen: Sandalen und Hoody. Sitzungen finden bei Google gern auf dem bunten Fahrrad statt. Wer nicht vor Ort ist, kann's vergessen. Per Mail zu kommunizieren bringt's nicht.

NEULAND

Christoph Keese, Executive Vice President der Axel Springer SE, lebte 2013 ein halbes Jahr mit seiner Familie im Silicon Valley. Die deutsche Presse sprach von einer Entdeckungsreise in die Zukunft. Angela Merkels Wort vom Internet als »Neuland« hallte noch in Keeses Ohr. Er wollte sehen, wo die Welt entsteht, an die für sein Gefühl manch einer in Europa bereits den Anschluss verloren hatte. Er brach als *Raider of the lost Ark* ins Silicon Valley auf, um das Erfolgsgeheimnis der Digitalisierungstreiber zu lüften. Im

Blick auf Europa verstand er sich mehr als Kammerjäger. (Wo steckt der Wurm?)

Kritisch und bewundernd zugleich zeichnet Christoph Keese ein differenziertes Bild des Silicon Valley, wie es sich vor drei Jahren präsentierte. Er verschaffte sich Zugang zu zahlreichen Start-ups und Internetkonzernen und sprach mit Unternehmern, Entwicklern, Professoren der Stanford University und Risikokapitalgebern. Seine Impressionen und Einschätzungen schildert Keese in seinem dritten Buch, das im Jahre 2014 erschien: *Silicon Valley – Was aus dem mächtigsten Tal der Welt auf uns zukommt.*

NEULAND: IST DAS EIN WITZ?

19. Juni 2013. Mit offenen Armen wird Barack Obama in Berlin begrüßt. Insbesondere erfordern Sicherheitsfragen rund um Cybercrime eine engere Zusammenarbeit zwischen Deutschland und den USA. Und dann folgt die Pressekonferenz, bei der Kanzlerin Angela Merkel den denkwürdigen Satz sagt: »Das Internet ist für uns alle Neuland.«

Tausende twitterten etwas wie: »Aber das hat sie doch jetzt eben nicht wirklich gesagt?« Das Zitat ging als Witz um die Welt. Innerhalb weniger Minuten war #Neuland der meistverbreitete Hashtag in Deutschland. Der Sprecher des Kanzleramtes stellte umgehend klar, dass Merkel den Satz auf die noch ganz unklare Rechtslage des Internets bezogen habe. In diesem Sinne geben ihr bis heute selbst Cracks wie Eric Schmidt und Jared Cohen recht.

An der German International School of Silicon Valley in Mountain View haben Keeses Kinder Mühe zu erklären, was ihr Vater arbeitet. Was ist ein Verleger? Die Väter aller anderen Kinder arbeiten bei Apple, Google, Facebook oder so ähnlich. Aus Redakteuren und Verlegern sind für sie längst Aggregatoren geworden: Diese verfügen über Programme, die Bilder, Texte und andere Materialien zu jedem Thema automatisch sammeln und aufbereiten.

»INNOVATIV IST NUR, WAS WIDERSPRUCH HERVORRUFT. ALLES, WAS KONSENS PRODUZIERT, KANN NICHT DISRUPTIV SEIN.«

— CHRISTOPH KEESE, SILICON VALLEY

DISRUPTIVE INNOVATION

Evolutionäre Innovation verbessert eine bestehende Technologie oder ein Produkt. Das heißt, es macht sie effizienter oder günstiger. Disruptive Innovation verändert die Spielregeln auf dem Markt oder das Verhalten der Nutzer. Das ist die gängige Definition. Disruptive Innovatoren suchen nach Lücken, Rissen und Schwachstellen in Produkten und Produktionsweisen der Konkurrenz. Das muss gar nicht unbedingt bedeuten, dass es dazu wirklich neuer Techniken bedarf. Die Erfindung des neuartigen MP3-Formats beispielsweise hat noch keine Disruption ausgelöst. Erst dessen Einsatz im Kontext der Funktionalität und Benutzerfreundlichkeit des iPod verhalf dem Format zum Durchbruch. Und Henry Ford (»Wenn ich die Menschen gefragt hätte, was sie wollen, hätten sie gesagt: schnellere Pferde.«) hat nicht etwa das Auto erfunden, sondern dessen preisgünstige Massenfertigung eingeführt. Erst damit hat sich die Welt radikal verändert.

Ein Paradebeispiel ist Airbnb. Die Firma ist heute ganz vorne mit dabei. Da hat disruptive Innovation die ganze Hotelbranche revolutioniert. Einmal mehr hat David gegen Goliath gewonnen.

Diese Idee war eigentlich einem Zufall zu verdanken – wie so oft, wenn es zu großen Erfindungen kommt. Mittels neuer Methoden, dem Design Thinking etwa, sollen derartige disruptive Innovationen nun systematisch ausgelöst oder jedenfalls begünstigt werden. Design Thinking wird seit 2011 an der Stanford University sowie am Hasso-Plattner-Institut (HPI) in Potsdam und an der Universität St. Gallen gelehrt.

DIE NEUERFINDUNG DES HOTELS: VON DER PLATTFORM ZU PEER TO PEER (P2P)

Erfolgreiche Unternehmer von heute haben einen Zugang zur Welt, der gleichzeitig spielerisch und hartnäckig ist. Mit einer sicheren Spürnase für Trends, gewieftem Wissen über sämtliche Möglichkeiten, die das Internet bietet, und einem unternehmerischen Geist, der auch das Privatleben durchdringt, haben sie die Gabe, Nischen und ihr Potenzial zu erspüren und spielerisch zu erproben. Was im besten Fall dabei herauskommt, sind Paradebeispiele für disruptive Innovation, die nicht mehr evolutionär, sondern revolutionär ist und ganze Branchenzweige erschüttern kann. Brian Chesky, ein gelernter Designer, ist ein typisches Beispiel für diesen Unternehmertyp. Wieder einmal abgebrannt, saß er in seiner Wohnung, als er hörte, dass gerade ein Designerkongress in der Stadt tagte. Im Wissen darum, wie heiß begehrt Hotelzimmer während solcher Kongresse sind, kam ihm die Idee, eines seiner Zimmer zu vermieten und damit ein paar Dollar zu verdienen. Kaum gedacht, baute er auch schon eine kleine Website zu diesem Zweck. Der Zuspruch war enorm, er hätte sein Zimmer x-fach vermieten können. Als seine Freunde davon hörten, baten sie ihn, auch ihre Wohnungen ins Netz zu stellen. Das war die Geburtsstunde von Airbnb. Heute profitieren sowohl Touristen wie Geschäftsleute von der Möglichkeit, private Zimmer oder Wohnungen für wenige Tage zu mieten. Das Geschäft wächst exponentiell: Heute werden weltweit 300 000 Zimmer in 156 Ländern und 26 000 Städten angeboten. Und täglich kommen neue hinzu. Von Januar 2011 bis Januar 2012 stieg die Zahl der gebuchten Nächte um 500 Prozent. Die Wachstumsraten in europäischen Metropolen liegen bei mehreren 100, teilweise bis zu 1000 Prozent pro Jahr! Heute hat die Firma ihren Sitz in San Francisco. Chesky, der mit seiner Idee die ganze Hotel- und Tourismusbranche auf den Kopf gestellt hat, vermietet heute eine Wohnung pro Sekunde. Er ist ein Verfechter der Sharing Economy, die Anbieter und Nutzer P2P-mäßig miteinander verknüpft. Damit schuf er mehr als eine bloße Plattform – das hat ja heute jeder. Das Revolutionäre war der P2P-Ansatz.

In Silicon Valley berichtet Keese von seiner Begegnung: »Brian Chesky sitzt in einem seiner originellen Konferenzräume, faltet die Arme übereinander und entwickelt eine Theorie der Sharing Economy. ›Es geht nicht darum, Hotelzimmer zu vermieten‹, sagt er, ›sondern darum, Ineffizienzen zu beheben. Wohnraum steht ungenutzt in Städten herum, während Reisende viel Geld dafür ausgeben, winzige, meistens unpersönliche Kammern in Hotels zu mieten. Diese Ineffizienz beseitigen wir‹, sagt Chesky. Es ist kein Zufall, dass ihm die Idee als Branchenaußenseiter gekommen ist und er sie in Windeseile programmiert hat. Sein Blick war nicht verstellt von Wissen und es gab nichts, das er zu verteidigen hatte.« Out-of-the-box-Denken ist eben einfacher, wenn man nicht in der Box sitzt.

WAS IST EIGENTLICH AUS EUROPA GEWORDEN?
Europas Wissenschaftsgeschichte hat eine Vielzahl bedeutender technischer Erfindungen vorzuweisen. Im Vergleich fristeten bis Mitte des 20. Jahrhunderts die anderen Kontinente ein Schat-

tendasein. Sogar das einst mächtige und hoch entwickelte China, dem die Welt so viele Erfindungen verdankt, war vom europäischen Kolonialismus in die Knie gezwungen worden.

Zu den zahlreichen europäischen Erfindungen, welche die Welt veränderten, zählen auch viele unspektakuläre Innovationen. Zum Beispiel Baumaterialien, über die wir uns heute kaum mehr Gedanken machen. Dazu gehört das Wellblech. Erfunden wurde es von einem britischen Ingenieur namens Henry Robinson Palmer. 1829 ließ dieser das Wellblech patentieren. Auch Sperrholz gehört zu den stillen, aber revolutionären Innovationen. Erfunden wurde es um 1900 vom deutschen Unternehmer Heinrich Hermann Basse. Dank Sperrholz konnte der globale Verbrauch an Massivholz deutlich reduziert werden.

1829 baute der englische Autodidakt George Stephenson die »Rocket« genannte Lokomotive. Auch das Automobil wurde in Europa erfunden. Schon Anfang der 1880er-Jahre entwickelte der aus Davos stammende Heinrich Nadig ein gasgetriebenes Fahrzeug. Zwei weitere Pioniere – Carl Benz und Rudolf Diesel – waren Deutsche.

Viele große Durchbrüche der Medizingeschichte sind »Made in Europe«; so etwa Pockenimpfung, Aspirin, Antibiotika und Antibabypille.

Zugegeben – auch Amerika schreibt bahnbrechende Erfindungen auf seine Fahne. Vergessen wir aber nicht, dass im 19. und 20. Jahrhundert ein gewichtiger Know-how-Transfer von Europa über den Atlantik erfolgte. Beispielsweise war Louis Chevrolet Schweizer, und Nikola Tesla, der Entwickler des heute als Zweiphasenwechselstrom bezeichneten Systems zur elektrischen Energieübertragung, war serbischer und kroatischer Abstammung. Er studierte in Graz, Prag und Zürich.

Die Freiheitsstatue auf Liberty Island im Hafen von New York war ein Geschenk des französischen Volkes an die USA. Schöpfer der monumentalen Plastik war der Franzose Frédéric-Auguste Bartholdi.

Zeitsprung in die Computer-Ära: Das Gesetz, wonach sich die Software schneller verlangsamt, als sich die Hardware beschleunigt, wurde vom Schweizer Informatiker Niklaus Wirth geprägt. Er entwarf die Programmiersprache PL360, die 1968 auf dem System IBM/360 implementiert wurde. Außerdem beteiligte er sich an der Weiterentwicklung und Popularisierung der Programmiersprache Algol. 1984 wurde Wirth als erster und bisher einziger deutschsprachiger Informatiker mit dem ACM Turing Award sowie 1988 mit dem IEEE Computer Pioneer Award geehrt.

Jetzt zieht Europa schon seit einigen Jahrzehnten den Kürzeren. Die Schwellenländer konnten ihren Anteil am weltweiten Bruttoinlandsprodukt (Welt-BIP) steigern und die USA ihren Anteil von rund 26 Prozent halten. Europa ist dabei kräftig ins Hintertreffen geraten und verzeichnet eine Einbuße von 32 Prozent auf 25 Prozent. Die Schlüsseltechnologien haben wir schon längst aus der Hand gegeben. Der ökonomische Aufstieg der Schwellenländer hat auch die Kapitalmärkte verändert und damit Europas Investitionskraft geschwächt. 2012 saßen noch fünf der weltgrößten Banken in Europa. 2015 sind es nur noch drei. Auch auf diesem Feld hat Asien Europa ausgebootet. Haben wir den Anschluss verpasst?

Solange wir an einem verkrusteten Führungsverständnis festhalten, das zum Vor-Internetzeitalter gehört, wird die Talfahrt weitergehen. Ein Umdenken im Führungsverhalten ist dringend angesagt. Es kündet sich in der New Economy an, wo Einzel- und Gruppenentscheidungen weitgehend befreit von Interventionen der Geschäftsleitung erfolgen. Aber auch die Tatsache, dass in Asien der Wir-Intelligenz der Belegschaft zunehmende Bedeutung zugeschrieben wird, zeigt uns, wo es langgehen muss.

Die Frage bleibt also: Wie wird sich Europas Wissenschaft und Technologie in Zukunft entwickeln?

In seiner abschließenden Publikation *Silicon Valley*, die Bundeswirtschaftsminister Siegmar Gabriel als wichtigen Ratgeber würdigte, zieht Keese Bilanz. Den wirtschaftlichen und politischen Entscheidungsträgern Europas empfiehlt er unter anderem Folgendes:

> Interne Inkubatoren einzurichten

Biologen benutzen Inkubatoren, um bestimmte Kulturen (Zellen, Mikroorganismen) auszubrüten. Es handelt sich um Brutstätten.»Axel Springer zum Beispiel hat einen solchen internen Inkubator geschaffen. Revolutionäre Gedanken dürfen nicht am kurzfristigen Denken der direkten Vorgesetzten scheitern. Normale Berichtswege sind der Tod jedes disruptiven Impulses.«

> Disruptive Innovationen anzustreben

Von *Disruptive Technologies* sprach erstmals der Harvard-Dozent und Unternehmer Clayton M. Christensen. In seinem vielfach preisgekrönten Buch *The Innovators Dilemma* von 1997 bezeichnete er die Antizipation zukünftiger Bedürfnisse als disruptive Innovation. Als Beispiele nennt er die PC-Industrie und die Milkshakes. Disruption ist inzwischen nach Keese ein Mantra des Silicon Valley geworden. Er empfiehlt dem Besucher, das Wort im Gespräch mit den lokalen Hoody-Technos möglichst früh schon einzuflechten, um überhaupt ernst genommen zu werden. Disruptive Innovation besteht auch darin, Schwachstellen von Konkurrenten zu identifizieren und anzugreifen. Gewonnen haben insbesondere Firmen, die dieses Verfahren auf sich selbst anwenden, um der Konkurrenz zuvorzukommen. Solche methodische Selbstkritik täte auch europäischen Unternehmen gut.

> **In Plattformen zu denken**
Die Internetplattform erscheint als Kernelement einer digitalisierten Wirtschaftsform. Aber Airbnb oder iTunes gehen noch einen Schritt weiter und bringen Kunden und Produzenten beziehungsweise Dienstleister direkt zusammen – und sammeln von beiden Daten. Dadurch werden sie zu aktiven Marktteilnehmern, deren Macht schnell wächst.

> **Lehrpläne und Ausbildungsgänge neu zu gestalten**
Bloße Benutzer digitaler Errungenschaften bleiben an deren Oberfläche hängen und können so zwar konsumieren, nicht aber produzieren und dadurch auch den Prozess der Digitalisierung nicht mitgestalten. Selbst Programmiersprachen wie C++ zählen zum Allgemeinwissen von morgen.

CHINA WIRD ZUM VORREITER

China war mit seinen Erfindungen der Welt weit voraus. Während Europa im Dunkel des Mittelalters tappte, erfanden Chinesen den Magnetkompass, das Schießpulver, das Papier und die Druckkunst. Die Chinesen waren in der Hochseeschifffahrt höchst erfahren. Um etwa die Vitaminkrankheit Skorbut zu vermeiden, welche die europäischen Seeleute ihre Zähne kostete, pflanzten sie auf ihren zugerüsteten Schiffen Soja an.

Heute schließt China an seine grandiose Technologiegeschichte an. Eben erst stellte der China-Monitor ein faszinierendes Bild der aktuellen wirtschaftlichen Lage in China vor: In der Werkhalle 18 von Sany im zentralchinesischen Changsha, Chinas größtem Maschinenbauer, ist die Fabrik der Zukunft bereits Wirklichkeit. Sany stellt hier Asphaltiermaschinen und Betonmischer her. Der Betrieb hat durch und durch auf Elektronik umgestellt: Die Maschinen sind untereinander vernetzt und sammeln ununterbrochen Daten über den Produktionsprozess. Die Position von Werkstücken und Liefereinheiten ist jederzeit abrufbar. Mit den gewonnenen Informationen optimiert Sany die Produktion. Damit rückt das Unternehmen dem Ziel der sich selbst organisierenden und kontinuierlich optimierenden »intelligenten Fabrik« ein großes Stück näher.

Der große Wendepunkt der chinesischen Wirtschaft steht bevor. Das Wirtschaftswachstum sinkt, die Löhne steigen. Das alte Modell billiger Massenproduktion hat sich überlebt. China braucht Effizienz- und Qualitätsgewinne durch technologischen Fortschritt, um wirtschaftlich erfolgreich zu bleiben. Das Reich der Mitte plant seine industrielle Entwicklung langfristig und ambitioniert. Die chinesische Regierung will das Land zu einem Global Player machen, der es mit den führenden Industrienationen aufnehmen kann. Aus chinesischer Sicht ist dieses Ziel keine ferne Utopie, wie Wübbeke in *MERICS China Monitor* Nr. 23 berichtet: Laut einer unveröffentlichten Studie der Chinesischen Akademie für Ingenieurwissenschaft könnte China als Industrienation bis 2045 mit den USA, Deutschland und Japan gleichziehen.

Digitalisierung ist für China das passende Sprungbrett. Nach chinesischen Schätzungen könnte Industrie 4.0 Chinas Produktivität um 25 bis 30 Prozent steigern und unvorhergesehene Produktionsausfälle um 60 Prozent reduzieren. Das Land bricht bereits in ein neues Zeitalter der Produktion auf. Die Investitionen in Automatisierung und Digitalisierung steigen in China explosionsartig an. Seit 2005 haben sich die Investitionen der produzierenden Industrie in IT verdoppelt. Mittlerweile ist China der weltweit größte Absatzmarkt für Industrieroboter. Bereits 2017 werden voraussichtlich weltweit die meisten Industrieroboter dort eingesetzt. Die Absatzmärkte für Funkchips (Radio Frequency

Identification, RFID), Sensoren und eingebettete Softwaresysteme boomen. Während dieser Trend China zunächst einmal in die Industrie 3.0 führte, ist der nächste Schritt zur intelligenten Vernetzung bereits mitgedacht. Gerade bei den großen chinesischen Unternehmen haben die Industrie 4.0-Experimente längst begonnen. Das zeigt sich auch deutlich bei den Kennzahlen der Internet- und Mobile-Penetration.

China zählt:

> 668 Millionen Internetnutzer, mit einem Wachstum von 6 Prozent pro Jahr
> 1,3 Milliarden Abonnenten von Mobile Phones
> 659 Millionen Nutzer von sozialen Medien – mehr als die USA und Europa zusammen
> 594 Millionen mobile Internetnutzer, was 89 Prozent der gesamten Internetnutzer Chinas ausmacht
> 574 Millionen Menschen, die mobil auf die sozialen Medien zugreifen, 15 Millionen mehr als letztes Jahr

Aber nicht nur die Internet-, Mobile- und Social-Network-Penetration ist bestens etabliert und wächst rasend schnell in China. Auch der Online-Handel erfreut sich größter Beliebtheit und birgt ungeheures Wachstumspotenzial. Fast jeder dritte Internetnutzer kauft auch mal etwas online ein. Die *Handelszeitung* vom 27.10.2015 berichtete, dass der chinesische Online-Händler Alibaba seinen Umsatz im Sommer 2015 massiv gesteigert hat. Dabei profitierte der Online-Händler vom boomenden Einkauf mit Smartphones und Tablets. Die Einnahmen stiegen zwischen Juli und September 2015 um 32 Prozent auf 3,5 Milliarden Dollar. Der Umsatz, den der Gigant über mobile Geräte verbuchte, verdreifachte sich auf 1,66 Milliarden Dollar.

Auch bei Nestlé wachsen die Online-Verkäufe nach eigener Aussage derzeit um mehr als 25 Prozent pro Jahr. Grund genug für den Nahrungsmittelgiganten, den vielversprechenden China-e-Commerce-Markt gezielt zu bearbeiten, um gerade auch abgelegene Regionen mit seinen Produkten beliefern zu können. Zu diesem Zweck schloss sich der Nahrungsmittelkonzern im Januar diesen Jahres in einem viel beachteten Coup mit Alibaba zusammen. Mit dieser Partnerschaft will Nestlé mehr Online-Umsätze generieren, Kernmarken aufbauen und neue Produkte an Millionen von Konsumenten verkaufen. Mit Alibaba hat Nestlé einen Partner gefunden, der bestens vertraut ist mit den sich rasend schnell verändernden Gewohnheiten der Konsumenten und den lokalen Handelsstrukturen.

Es heißt nicht von ungefähr, China sei die kommende Weltmacht. Das schließt auch ein, dass es das noch nicht ist. Wenn ich in China bin, erlebe ich mehrere Chinas: das ländliche, das aufstrebend künstlerische und ein hoch technisiertes. Es bleibt zu hoffen, dass sich alle drei gleichermaßen weiterentwickeln werden.

—— AUSWIRKUNGEN AUF DEN ARBEITSMARKT

Westliche und mittlerweile auch asiatische Länder, insbesondere Südkorea und Japan, verzeichnen eine alarmierend ansteigende Anzahl von Burn-out-Fällen, die den Volkswirtschaften Kosten in Milliardenhöhe bescheren.

DER STELLENWERT DER ARBEIT

Was meinen wir, wenn wir von »Arbeit« reden? Was assoziieren wir damit, und welchen Stellenwert hat Arbeit in unserem privaten und gesellschaftlichen Leben? Stellt sich mein chinesischer Geschäftsfreund oder der afrikanische Parlamentarier dasselbe darunter vor? Schaut man sich bei uns um, fällt eines auf: Arbeit hat einen zentralen Wert, wirtschaftlich gesehen sowieso, aber auch für jeden Einzelnen von uns persönlich. Wir definieren uns weitgehend über die Arbeit und leiten von ihr unsere Daseins- und Sinnlegitimation ab. Selbst Multimilliardäre, die sich längst auf ihren Lorbeeren ausruhen könnten, sind noch höchst aktiv. Richard Branson etwa, durchaus bekannt dafür, dass er den Genüssen des Lebens nicht abgeneigt ist, baut weiter an seinem Traum vom Reisebüro ins All. Bill Gates und seine Frau arbeiten auf Hochtouren daran, mit ihrer Stiftung und ihrem Vermögen die Weltgesundheit zu verbessern. Aber nicht nur die Global Players sind Getriebene: Auch im Middle-Management hört man keinen sagen: »Schön, heute konnte ich alles in der Hälfte der geplanten Zeit erledigen. Jetzt leg ich mich erst mal ein bisschen hin.« Nein: Viel Arbeit zu haben, Überstunden zu machen, im Dauerstress zu sein gehört zum guten Ton. Lernt man neue Menschen kennen bei einer Cocktailparty, fällt schnell der Satz: »Und was machst du so?« Man wird beurteilt und bewertet anhand der Erwerbstätigkeit, die man ausführt. Erfolg hat, wer Karriere macht und im besten Fall auch noch möglichst viel verdient. Und dafür geben wir alles: Wir ziehen um, wenn es der Job erfordert, gefährden unter Umständen unsere Gesundheit oder Ehe und nehmen sogar in Kauf, dass wir das Aufwachsen der Kinder nur aus der Ferne erleben. Arbeit bringt uns Selbstverständnis, schafft Identität und Prestige. Und wir zielen darauf ab, dass sie uns erfüllt, weiterbringt und zu unserer persönlichen Entfaltung beiträgt.

Warum leben wir so? Haben wir bewusst gewählt, so zu leben? Eine Sterbebegleiterin, die Hunderte von Menschen in den Tod begleitet hat, wertete aus, was ihre Klienten auf dem Sterbebett am meisten bereuten. Keiner sagte: »Es ist schrecklich, dass ich dazumal den Verwaltungsratsposten nicht gekriegt habe.« Nein, was die

Menschen bewegt, sind verpasste Freundschaften, nicht offenbarte Liebesgefühle, missglückte Beziehungen zu den Nächsten und dass man zu viel Zeit des Lebens für die Karriere eingesetzt hat.

Dennoch sind unsere modernen Gesellschaften so angelegt, dass wir weiter rackern bis zum Umfallen und uns, zumindest bevor wir auf dem Totenbett liegen, weiterhin hauptsächlich über die Arbeit definieren. Wollen wir diesen Mechanismus verstehen und gleichzeitig versuchen, die gesellschaftlichen und wirtschaftlichen Herausforderungen der Zukunft kreativ und unvoreingenommen zu meistern, lohnt es sich, einen Blick in die Vergangenheit zu werfen.

WIE ES DAZU KAM

Wäre ich ein antiker Grieche gewesen, hätte ich mir nicht mit Arbeit die Hände schmutzig gemacht. Vielmehr hätte ich sowohl die Mitmenschen wie auch die Götter am meisten beeindruckt, wenn ich der Muße gehuldigt, die Arbeit den Sklaven überlassen und mich philosophischen Fragen gewidmet hätte.

Auch in der Bibel wird Arbeit eher als Fluch denn als Selbstzweck definiert: Als Mühsal wird sie gesehen, ausgeführt »im Schweiße des Angesichts«. Weitaus höher im Werteraster standen Gottessuche und Nächstenliebe. Paulus' oft zitiertes Wort »Wer nicht arbeitet, soll auch nicht essen« war anders gemeint, als es gern zur Legitimation bezahlter Arbeit herangezogen wird. Dies notabene schon während der ersten industriellen Revolution, dann bei Hitler, Stalin und zuletzt gerade kürzlich in sehr umstrittener Art und Weise bei Müntefering anlässlich einer Diskussion über Hartz IV. Paulus wollte nicht sagen, dass jener, der nichts arbeitet, nichts kriegt, sondern es war ein Aufruf an die Reichen, sich am Gemeinwohl in der Christengemeinde, am gemeinsamen rituellen Essen zu beteiligen, wo sich alle als Gleiche begegneten.

Denn Reichtum ist in der Bibel noch nichts, was auf Gottes Gefallen gestoßen wäre. Lesen wir doch bei Matthäus 19,24: »Es ist leichter, dass ein Kamel durch ein Nadelöhr geht als ein Reicher ins Reich Gottes.«

Dies veränderte sich im Mittelalter. »Bete und arbeite«, »ora et labora« war den Mönchen aufgegeben. Aber wohlgemerkt: Zuerst stand das Beten, dann das Arbeiten. Und mit Arbeit war mitnichten produktiv-effiziente Arbeit gemeint. Benedikt von Nursia meinte damit eher die Beschäftigung im Klostergarten oder das kontemplative Knüpfen von Teppichen, wobei es bei Mönchen östlicher Richtung durchaus vorkommen konnte, dass sie am Abend die Knoten des Teppichs wieder lösten, um damit die kontemplative Komponente dieser Betätigung zu betonen.

Eine Wende brachte dann Luther. Er übersetzte sowohl das Wort »ergon«, was so viel heißt wie »Werk, abgeschlossene Tätigkeit«, wie auch das Wort »ponos«, was man mit Arbeit übersetzen könnte, aber dem englischen »labour« näherkommt im Sinne von »Arbeit« und »Geburtswehen«, mit »Beruf«. So entstand die erste Verknüpfung von »Beruf« als Arbeit und »Berufung« als religiöse Motivation. »Müßiggang ist Sünde wider Gottes Gebot, der hier Arbeit befohlen hat. Zum anderen sündigst du gegen deinen Nächsten«, betonte Luther gemäß Michaels in *Die Kunst des einfachen Lebens*. Um Gott und der menschlichen Gemeinschaft zu gefallen, reichte es von nun an nicht mehr, bloß fromm zu sein. Nun musste auch gearbeitet werden. Axel Michaels, Albert Wirz und andere haben diese Entwicklung minutiös nachverfolgt.

Und so nimmt seinen Lauf, was der Soziologe Max Weber 1904 in seinem Werk *Die protestantische Ethik und der Geist des Kapitalismus* umschrieben hat. Treibende Kraft in der Ausformung des »Homo oeconomicus« waren dabei gemäß Weber die Calvinisten: Bei diesen puritanischen Protestanten gab es weder einen gütigen, verzeihenden Vater im Himmel noch eine Beichte, wo man sich seiner Sünden entledigen konnte. Vielmehr war da ein Gott im Himmel, dessen Wirken und Walten den Menschen nicht entschlüsselbar war. Durch gottgefällige Arbeit versuchte der Calvinist zu beweisen, dass er zu den Auserwählten gehörte. Im Unterschied zum mittelalterlichen Katholizismus wird die Arbeit nun Selbstzweck, da sie nicht mehr zum Erhalt des Lebens zu leisten ist, sondern zur Verehrung Gottes. So konnte sich die feste Berufsarbeit etablieren. Und zur Mehrung von Gottes Ruhm war es nicht nur erlaubt, reich zu sein, sondern geboten. Ganz im Sinne des Puritaners Richard Baxter (1615–1691): »Nicht für Zwecke der Fleischeslust und Sünde, wohl aber für Gott dürft ihr arbeiten, um reich zu sein.« Berühmt ist er auch für seinen Satz: »Der Mensch arbeitet nicht, um zu leben, sondern lebt, um zu arbeiten.«

Das Ergebnis einer solchen Beschränkung des Konsums bei gleichzeitigem Erwerbsstreben war für Max Weber Kapitalbildung durch asketischen Sparzwang. Dies führte zur Entwicklung der wichtigsten Erscheinungen des modernen Wirtschaftslebens: Zum einen galt es, das Kapital zu einem allseits nützlichen Zweck zu verwenden, sprich in neue Projekte zu investieren, um eine Säkularisierung des erwirtschafteten Kapitals zum Zwecke des Eigengenusses zu vermeiden. Zum anderen förderte sie die Einsetzung von Arbeitskräften zu für die Arbeiter unvorteilhaften Bedingungen, denn Arbeit an und für sich galt als Weg in den göttlichen Gnadenstand. Drittens galt nun auch der Gelderwerb des Unternehmertums als Beruf. Der »Geist des Kapitalismus« war geboren.

NEUBEWERTUNG DER ARBEIT

Nun mag die Entstehung des Calvinismus schon eine Weile her, Max Weber längst tot und seine Thesen umstritten sein. Auch gehen viele von uns nicht mehr in die Kirche. Und Gott zu gefallen steht eventuell nicht mehr zuoberst auf der Prioritätenliste. Dennoch: Wir können nicht leugnen, dass wir durch dieses Denken geprägt sind und dass uns diese Werte und Normen mehr oder weniger bewusst immer noch durchdringen. Das zeigt sich beispielsweise darin, dass wir beim Wort Arbeit unweigerlich an Erwerbsarbeit denken. Aber was ist mit der unbezahlten Arbeit, ohne die moderne Volkswirtschaften zusammenbrechen würden? Ich denke an Familien- und Hausarbeit, an Pflege von Verwandten, an Freiwilligenarbeit an Schulen, in Vereinen oder jetzt aktuell auch im Migrationsbereich. Trotz der offensichtlichen Wichtigkeit dieser Tätigkeiten haben wir die deutliche Tendenz, Freiwilligenarbeit geringer zu bewerten als Erwerbsarbeit. Arbeit gleich Erwerbsarbeit. Punkt. Sogar die Gewerkschaften meinen implizit immer Erwerbsarbeit, wenn sie von Arbeit sprechen. Für sie ist diese Erwerbsarbeit etwas geworden, auf das jeder ein Recht zu haben scheint und wofür sie bereit sind zu kämpfen. Deswegen, notabene, sind sie auch gegen ein bedingungsloses Grundeinkommen, denn das könnte eine Bedrohung dieses vermeintlichen Menschenrechts sein. Auch Joe Biden ließ bei seiner Eröffnungsrede am diesjährigen World Economic Forum (WEF) verlauten, dass ein Arbeitsplatz mehr sei als Lohn – es gehe dabei auch um einen Platz in der Gesellschaft und um Würde. Im Umkehrschluss muss man also folgern, dass jemand, der keine Arbeit hat, auch keine Würde hat. Aber ist diese Sicht der Höherbewertung der Lohnarbeit heute noch angebracht? Joe Biden selbst zeigt sich in derselben Rede gegenüber den Herausforderungen der vierten industriellen Revolution höchst pessimistisch: Bei den vergangenen Revolutionen hätten sich die Veränderungen für die Gesellschaft ausbezahlt. Sein Instinkt sage ihm aber, dass dies mit der Wirtschaft 4.0 schwieriger werden würde.

DIE REVOLUTION AM ARBEITSMARKT

Hat Biden recht? Solche Unkenrufe hörten wir auch im Zuge der dritten industriellen Revolution, als die Computer ihren Einzug in die Arbeitswelt hielten. Und wie sich dann zeigte: Das Gegenteil war der Fall, es wurden dadurch auch viele neue Arbeitsplätze geschaffen. Schauen wir die neuesten Entwicklungen an, könnte das aber für die Zukunft tatsächlich sehr anders aussehen. Es stehen Veränderungen an, für die unser Wissen aus der Vergangenheit unter Umständen nicht mehr tauglich ist, um die Umwälzungen zu erfassen, die auf uns zukommen. Oder wie Erik Brynjolfsson, Wirtschaftsprofessor und Autor des Bestsellers *The Second Machine Age*, bemerkt: »Es kommt eine Zeit, in der das, was war, nicht länger ein verlässlicher Leitfaden ist für das, was kommt.« Die Umwälzungen werden in den kommenden Jahren ähnlich schnell auf uns zukommen, wie sich die Leistung der Computer verbessert und beschleunigt. Alle 18 Monate, prophezeite Intel-Mitgründer Gordon Moore 1965, würde sich die Leistung von Computern verdoppeln. Die folgenden Jahrzehnte sollten ihm recht geben. Das entspricht einer exponentiellen Entwicklung, und das bedeutet, dass die Beschleunigung der Veränderungen auf dem Arbeitsmarkt unser Vorstellungsvermögen heute noch überfordern könnte. Viele Neuerungen werden aber schon derzeit deutlich.

GOOGLE AUTO

Das große Jugendbuch stand bei meinem Großvater ganz unten im Regal, sodass ich es schon mit acht Jahren greifen konnte. Darin fand ich die Geschichte eines (wie mir damals schien) denkenden Automobils, das eine sehr brave 1950er-Jahre-Familie von Potsdam nach Cuxhaven fuhr. Ganz von allein. Die Idee hat mich allerdings irritiert: Was, wenn das Fahrzeug nicht genau verstanden hat, wohin ich will? Es würde zum Auto-mobil im unangenehmen Sinn des Wortes – zur Maschine, die macht, was sie will.

Diese Gefahr scheint beim selbst fahrenden Google-Auto gebannt. Jüngst wurde einer dieser süßen Zwerge auf den Straßen von Mountain View von der Polizei angehalten, weil er zu defensiv fuhr. Der Verkehr staute sich hinter ihm. Die V8 wurden heiß in der Kolonne, und die Polizei schritt per Harley Davidson ein. Hat da jemand die Lektion verstanden – Vernunft, vermittelt von einem Automobil? Noch haben die Falschen recht, die umweltbelastend ihren Gewohnheiten frönen.

Dass die Mitfahrer belehrt wurden, ist ein weiteres Beispiel für den juristischen Wildwuchs in der digitalen Welt. Was wäre gewesen, wenn niemand dringesessen hätte?

E-Commerce und Internet haben im vergangenen Jahrzehnt bereits viele Arbeitsbereiche überflüssig gemacht. Denken wir beispielsweise an Reisebüros oder Bankfilialen, die aufgrund von Online-Abwicklungen geschlossen werden mussten. Dramatisch hat sich auch heute schon der Einzelhandel verändert. Das ist ein Bereich in den USA, wo jeder zehnte Amerikaner einen Arbeitsplatz hat. In Filialen übernehmen nun immer mehr virtuelle Assistenten den Platz von Verkäufern, und Selbstbedienungsterminals verringern den Bedarf an Kassierern. Wenn es denn überhaupt noch einen Laden gibt. Denn erfolgreiche Anbieter von nicht verderblichen Gütern haben den Sprung ins Netz meist schon geschafft. Beratung im Online-Shop geschieht durch einen Algorithmus, der dem Käufer diejenigen Produkte vorschlägt, die er allenfalls auch noch mögen könnte. Lagerhallen sind weitestgehend automatisiert und selbst fahrende Taxis, Busse und Trucks werden bereits ausgetestet. Ebenso Drohnen, welche die Zustellungen von Paketen in Privathaushalte übernehmen können. Weniger qualifizierte Berufe wie Briefträger, Taxifahrer, Verkäufer, Buschauffeure, Kassierer und viele andere mehr werden dadurch überflüssig gemacht. Mittels Robotik und künstlicher Intelligenz werden nun aber auch Bereiche erobert, die bis dahin von hoch qualifizierten Berufsgattungen ausgeführt worden sind. Die Entwicklung im Bereich der Schaffung intelligenter und lernender Maschinen macht so rasante Fortschritte, dass der Physiker Stephen Hawking und der Unternehmer Elon Musk (Paypal, Tesla) davor warnten, dass man die Kontrolle darüber zu verlieren drohe.

Wie Reed Albergotti 2014 im *Wallstreet Journal online* berichtete, ist es für den indischen Neurowissenschaftler Dileep George nur eine Frage der Zeit, bis Maschinen wie Menschen sein können. Gerade hat er zu diesem Thema ein Start-up-Unternehmen im Silicon Valley gegründet. »Was wir in unserem Kopf haben, ist nichts anderes als eine Maschine. Und das werden wir nachmachen können.« Das ist natürlich noch Zukunftsmusik. Nicht leugnen aber lässt sich, dass sich viele Bereiche heute schon stark durch Maschinen verändert haben. In seinem Artikel *Armies of Expensive Lawyers, Replaced by Cheaper Software* in der *New York Times* beschrieb der Wissenschaftsjournalist John Markoff bereits 2011, wie intensiv die Mustererkennungsfähigkeiten von Computern im juristischen Bereich genutzt würden. In der Beweisfindungsphase, so eine der darin zitierten Schätzungen, könne ein Rechtsanwalt mit konsequenter Computerhilfe bald die Arbeit von 500 Kollegen erledigen. Auch konnte gezeigt werden, dass eine digitalisierte juristische Nachforschung billiger und sogar noch gründlicher ausgeführt werden kann als von Anwälten. Ähnliches gilt für Radiologen: Eine Software zur automatischen Mustererkennung kann Tumoraufnahmen und Röntgenbilder zu einem Bruchteil der früheren Kosten analysieren und auswerten. Selbst Chirurgen können durch Maschinen ersetzt werden. Maschinen operieren Hirne präziser, als es die menschliche Hand je könnte. Es könnten noch Hunderte anderer Beispiele von x-beliebigen Branchen angeführt werden. Fest steht: Die massiven Veränderungen werden durch alle Berufsgruppen und sämtliche Branchen rollen. Eine in den letzten Monaten oft zitierte Studie der Universität Oxford von 2013 schätzt, dass in 20 Jahren die Hälfte der heute in den USA existierenden Jobs verschwinden wird, über alle Qualifikationsstufen hinweg (Frey: *The Future of Employment*). Basierend auf der Oxford-Studie analysierte Deloitte die Situation in der Schweiz. Die Autoren kamen zu dem Schluss, dass in den kommenden beiden Jahrzehnten 48 Prozent der Beschäftigten durch Automatisierung ersetzt werden könnten, wobei das Ausbildungsniveau nicht die maßgebende Größe sei. Sie glauben, dass die Automatisierungswahrscheinlichkeit bei Buchhaltern und Steuerberatern 95 Prozent betrage. Neben diesen beiden Berufsgattungen seien des weiteren Finanz- und Anlageberater, Vermessungsingenieure, Augenoptiker, Immobilienverwalter und -makler ganz besonders betroffen, da diese Berufe repetitive Tätigkeiten beinhalten würden. Bei den weniger qualifizierten Jobs sind es Sekretariatsangestellte, Bankangestellte, Telefonisten, Kassierer, Postverteiler und Fachkräfte in der Landwirtschaft, die ersetzt werden könnten.

WAS MENSCHEN BESSER KÖNNEN

Auf der sicheren Seite stünden jedoch Berufe, die ein hohes Ausmaß an menschlichem Kontakt oder Kreativität erfordern, wie etwa Psychologen, Kinderbetreuer oder Rettungspersonal. Trotz all dieser düsteren Prognosen glauben die Autoren dennoch, dass die Schweiz dank ihrer Innovationskraft und ihrer guten Ausbildungsmöglichkeiten gut aufgestellt ist, um von der Automatisierung profitieren zu können. Nicht zu leugnen aber ist, dass der aktuelle Wandel sowohl Arbeitnehmer als auch Arbeitgeber sehr stark herausfordern wird und von beiden Seiten höchste Flexibilität gezeigt werden muss. In dieselbe Richtung zielt das anlässlich des WEF publizierte *White Paper* der UBS: Die vierte industrielle Revolution bringe Arbeitsplätze mit geringen und mittleren Qualifikationsanforderungen in Gefahr, und dies führe zu einer zunehmenden Polarisierung der erwerbsfähigen Bevölkerung und zu Einkommensungleichheit. Eine Einkommensungleichheit, die sich heute teilweise schon zuspitzt und die den sozialen Frieden bedrohen könnte. Gemäß einem ausführlichen *NZZ*-Feature von Marco Metzler glauben sowohl Brynjolfsson wie auch Martin Ford, Autor von *Rise of the Robots*, dass sich die Schere zwischen Arm und Reich weiter öffnen werde und dies zu massiven Spannungen führen könnte.

Interessanterweise schlagen grundsätzlich beide Autoren ein bedingungsloses Grundeinkommen vor. Dies soll dazu dienen, diesen Spannungen entgegenzuwirken und gleichzeitig sicherzustellen, dass die Bevölkerung weiterhin konsumieren kann. Denn wo Millionen von Konsumenten wegfallen, bleiben die von Robotern hergestellten Güter in den Regalen liegen.

Gemäß einem Artikel im *TagesAnzeiger* planen die Finnen ein Pilotprojekt, um das bedingungslose Grundeinkommen im Jahre 2017 auszutesten. Auch die Schweiz fungiert mit der bereits lancierten Initiative zum bedingungslosen Grundeinkommen als Trendsetterin. Und obschon die Sache im Schweizerischen Parlament keinerlei Akzeptanz fand und sich die Vertreter in Ermangelung eines guten Kampagnenbudgets nur ganz am Rande am diesjährigen WEF positionieren konnten, ist die Idee vielleicht doch nicht ganz so abwegig, wie sie auf den ersten Blick scheinen mag.

TECHNISIERUNG, GLOBALISIERUNG
UND SOZIODEMOGRAFISCHE UMWÄLZUNGEN

Denn es ist nicht nur die heiß diskutierte Technisierung, die Arbeitsplätze bedroht: Auch die globale Vernetzung, die es ermöglicht, ganze Geschäftsbereiche in Billiglohnländer auszulagern und weltweit nach gut qualifizierten Talenten zu suchen, sind Faktoren, die nicht übersehen werden dürfen. Die Bedrohung durch Auslagerung, Rationalisierung und der globale Konkurrenzkampf unter den Jobsuchenden haben schon in den vergangenen Jahren den Druck auf die Mitarbeitenden stark erhöht. Diese Tendenz dürfte in den kommenden Jahren noch steigen.

Nicht ganz so heiß diskutiert werden die demografischen Entwicklungen, die nicht minder dramatisch sind. Bevölkerungs- und Wirtschaftswachstum sind eng miteinander verbunden. Erst nach der ersten industriellen Revolution nach 1700 erhöhte sich das Bevölkerungswachstum in der Geschichte signifikant. Und um das Jahr 1800 sprang die Weltbevölkerung erstmals über die Milliardengrenze. Im 20. Jahrhundert vervierfachte sie sich und beträgt heute rund 7,2 Milliarden Menschen. Gleichzeitig erhöhte sich die Lebenserwartung signifikant. Vor 200 Jahren lebte ein Westeuropäer durchschnittlich 33 Jahre, heute sind es über 80 Jahre. Ähnlich dramatisch entwickelte sich das Wirtschaftswachstum. Richard Jackson, Autor von *The Graying of the Great Powers: Demography and Geopolitics in the 21st Century,* schildert die demografische Entwicklung und die Konsequenzen für die Industrienationen. Gemäß dieser Studie werden 2050 sechs westeuropäische Staaten ein Durchschnittsalter von 50 Jahren oder höher aufweisen. Zudem zählen wir 18 Länder mit einer sinkenden Bevölkerungszahl. Bis im Jahr 2050 werden es circa 44 Länder sein. Die meisten davon in Europa.

Für die Arbeitsmärkte der Industrienationen bedeutet das, dass auch das »Humankapital« immer älter wird. Dies steht heute noch der Tatsache gegenüber, dass Mitarbeiter über 50 überdurchschnittlich oft entlassen oder zwangspensioniert werden und dass sie bedeutend länger brauchen, bis sie wieder eine Stelle finden. Das Problem wird zwar politisch erkannt und analysiert, teilweise auch mit gewissen Maßnahmen angegangen, aber ein entsprechender Bewusstseinswandel hat noch nicht wirklich stattgefunden.

ENDE DER ROUTINEARBEIT ODER ANFANG DER MASSENARBEITSLOSIGKEIT?

Technisierung, Globalisierung und demografische Veränderungen sind es also, die den Arbeitsmarkt der Zukunft maßgeblich prägen werden. Positiv gesehen, werden in der Zukunft sicherlich viele Menschen von ihrer Arbeit befreit. Die einen, wie etwa Frédérique Laloux, Autor des Bestsellers *Reinventing Organizations*, sehen in dieser Entwicklung eine Opportunität für die Menschheit. Er geht davon aus, dass bis dahin ein Großteil der Menschen uninteressante Arbeit verrichten musste. »Zum ersten Mal in der Geschichte können wir uns eine Zukunft vorstellen, in der alle Menschen, nicht nur wenige Privilegierte, die Freiheit haben, ihrer Berufung zu folgen und ein Leben des kreativen Selbstausdrucks zu leben.« Vielleicht wird aber auch wahr, was viele Wirtschaftsvertreter prophezeien: dass durch die Erneuerungen auch sehr viele neue Jobs geschaffen werden. Jobs, die wir heute noch gar nicht kennen. Oder gemischte Einschätzungen wie diejenige von Andrew McAfee vom MIT. »Ich sehe in der Zukunft eine produktive Wirtschaft, die aber schlicht nicht mehr so viele Arbeitskräfte braucht wie heute«, sagte er im Interview mit dem Schweizer Fernsehen.

Wir können nicht wissen, was die Zukunft bringt. Eins aber scheint sicher zu sein: Wir werden große Flexibilität benötigen, um mit den Herausforderungen der Zukunft umgehen zu können. Und wir sollten uns jederzeit bewusst sein und niemals vergessen, dass wir nicht Opfer, sondern Auslöser der Zukunft sind, weil wir sie schaffen und somit aktiv mitgestalten können.

—— NEUE FORMEN DER ZUSAMMENARBEIT

Die Zukunft liegt in der Kooperation über sämtliche Grenzen, Kulturen, Unternehmen und Fachgebiete hinweg. Zusammenarbeit in virtuellen Räumen, Simultanübersetzung und die kollektive Textproduktion – sogenannnte Wikis – sind der Prototyp einer neuen Form der Wertschöpfung. Sie werden die Kooperation zwischen Unternehmen und ihren Partnern, Kunden und Mitarbeitern revolutionieren. Laut Don Tapscott und Anthony D. Williams, Verfasser des Buches *Wikinomics*, basieren Wikinomics auf vier Prinzipien, die den herkömmlichen Grundsätzen der Wirtschaft diametral entgegenstehen:

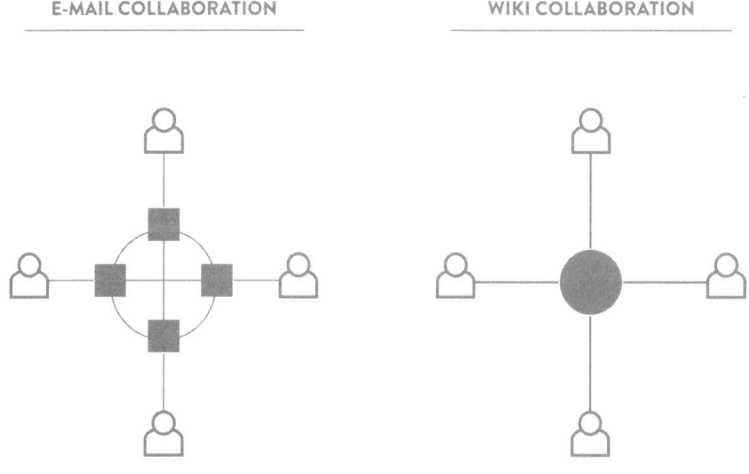

E-MAIL COLLABORATION

WIKI COLLABORATION

WIKIS

> Offenheit: Traditionelle Unternehmen haben klare Grenzen zwischen intern und extern. Wikinomics fördern den freien Austausch von Ideen, den Zugang zu wichtigen Informationen sowie das Miteinbeziehen von Ideen und Leistungen von Personen, die nicht zum Unternehmen gehören, zum Beispiel Kunden.

> Ebenbürtigkeit: Bislang sind Organisationen noch pyramidenhaftig organisiert mit der Entscheidungsgewalt an der Spitze. Bei Wikinomics kann sich jeder einbringen.

> Teilen: Internetnutzer teilen Erfindungen und tauschen Produkte aus. Patente und Copyrights erübrigen sich.

> Global handeln: Wikinomics agieren globaler, als jeder multinationale Konzern es je sein kann. Egal in welchem Erdteil die Person sitzt, jeder kann sich einloggen und mitmachen.

Basis dieser Wikinomics ist die digitale Infrastruktur.

PEER TO PEER (P2P)

Napster war einer der ersten Musikstreaming-Anbieter, der sich konsequent eines Peer-to-Peer-(kurz P2P)-Ansatzes bediente: Die Napster-Software scannte die Computer, auf dem sie installiert war, nach Audiodateien im MP3-Format und meldete die Suchresultate an einen zentralen Server im Internet. Dort gingen auch die Angebote und Suchanfragen der anderen Teilnehmer ein. Der Server meldete als Ergebnis auf eine Anfrage die IP-Adressen der Computer zurück, welche die gesuchte Musikdatei anboten. Die beiden Clients konnten sich daraufhin direkt miteinander verbinden und das Musikstück kopieren. Klingt kompliziert? Nun, eigentlich ist es das gar nicht. Kompliziert wurden aber die rechtlichen Fragen rund um das Angebot, die letztlich zur Schließung von Napster führten. Trotz etwa 80 Millionen Usern weltweit im Jahre 2001.

Genau solche juristischen Grau- oder sogar Schwarzzonen machen sich dann disruptiv denkende Köpfe wieder zunutze, um Nischen in Goldgruben zu verwandeln: So Daniel Ek und Martin Lorentzon, die 2006 den Musikstreaming-Dienst Spotify gründeten. Laut Aussage von Axel Bringeus, Vorstand für internationales Wachstum bei Spotify, ist der Musikdienst »als legale Alternative zur Piraterie« entstanden. Auch diese Idee hatte die Kraft, die Branche grundlegend zu verändern: Was 2006 begann, hatte 2009 schon über eine Million Nutzer. 2011 wurde ein Umsatz von rund 188 Millionen Euro bei einem Verlust von 40 Millionen erwirtschaftet. Zum Jahresbeginn 2015 wurden bereits 60 Millionen Nutzer und 15 Millionen Premium-Abonnenten gezählt. Finanziert wird das Unternehmen durch Investoren, die 388 Millionen Euro bereitstellten, bei einem geschätzten Marktwert von etwa 2,9 Milliarden Euro. Goldman Sachs, Coca-Cola, Morgan Stanley, Credit Suisse und die Deutsche Bank zählen zu den Investoren.

Das klare Erfolgsrezept auch hier: Nutzen einer Lücke, Erstellen nutzerfreundlicher Tools und ein konsequent durchgezogener P2P-Ansatz. Bis Ende 2014 wurde diese Technik benutzt. Und heute können Nutzer auch Playlists erstellen, diese mit anderen austauschen und gemeinsam bearbeiten. Dem Wachstum sind kaum Grenzen gesetzt: Wo es Internet und Smartphones gibt, sitzen potenzielle Nutzer. Aber wie in anderen Branchen schläft auch in der Musikindustrie die Konkurrenz nicht. Seit der Entwicklung von Spotify kamen schon etliche Nachahmer auf den Markt, ebenso in ungeheurem Tempo. Täglich entstehen neue Opportunitäten und Nischen, um ein Stück des Kuchens zu erhaschen, bestehende Anbieter zu zerschlagen und neue Märkte zu bearbeiten. Nur wer agil und innovativ genug bleibt und sein Geschäftsmodell ständig weiterentwickelt, wird nicht vom Markt geschwemmt, auch wenn die ursprüngliche Idee noch so revolutionär, disruptiv und marktverändernd gewesen ist.

Bleibt hier noch zu sagen, dass P2P ein heute wesentlich breiter gefasster Begriff ist als noch zu seiner Entstehungszeit in der Jahrtausendwende. Heute können sämtliche Geschäftsbereiche mit P2P bezeichnet werden, die schlicht Peers mit Peers zusammenbringen und ihnen erlauben, Daten oder Angebote miteinander auszutauschen. Demnach fungiert der Fahrdienst UBER als solcher, aber auch eBay beispielsweise oder, wie wir gesehen haben, Airbnb.

IDEAGORAS

»Ideagoras« sind Marktplätze, auf denen Firmen ihre wissenschaftlichen Probleme einstellen können und eine Belohnung ausschreiben für jene, die diese Probleme lösen.

Der Gedanke dahinter ist, dass es irgendwo auf der Welt jemanden geben muss, der erfahrener Experte ist und Ideen beisteuert, die im eigenen Team nicht gefunden werden.

Der Name kommt von Agora, dem Versammlungs- und Marktplatz im alten Griechenland. Diese Agoras waren die Zentren für Philosophie, Politik und Handel in Athen. Heute sind die Äquivalente internetbasiert, was die vielen Ideen, Erfindungen und das Wissen, wo auch immer, für innovationshungrige Unternehmen zugänglich macht.

Erfinder, Experten und Wissenschaftler finden hier Projekte, an denen sie tüfteln können. Unternehmen haben die Möglichkeit, auf diesen Plattformen nach Lösungen zu suchen, welche die eigene F&E-Abteilung nicht bearbeiten kann oder will. Das bietet auch kleinen Firmen, die sich sonst nicht gegen die Marktmacht der großen behaupten können, außerordentliche Möglichkeiten.

Einige Beispiele für solche Ideogoras gibt es bereits:

> Innocentive ist eine Website, auf der 35 der Fortune-500-Firmen wie Boeing, Dow, Dupont und Procter & Gamble Probleme einstellen und Geldpreise für Lösungen versprechen. Diese Preise bewegen sich normalerweise zwischen 5000 und 100 000 Dollar. Andere Dienste, die Ähnliches anbieten, sind NineSigma, Eureka Medical, YourEncore und Innovation Relay Center.

> yet2.com: Hier können Firmen Güter und Produkte einstellen, die sie derzeit nicht nutzen und unterlizenzieren wollen. Bis Ende 2006 hat yet2.com Technologien im Wert mehr als 10 Milliarden Dollar zum Lizenzieren angeboten – mit gerade mal knapp 500 Kunden, die aber zusammengenommen etwa 40 Prozent der weltweiten F&E-Kapazität ausmachen.

Bisweilen werden die Ideogoras angesehen als eine Art eBay für Innovation. Sie sind deshalb so stark, weil sie in beide Richtungen arbeiten. Einerseits ermöglichen sie Unternehmen, die auf einer Menge von Patenten und geistigem Eigentum sitzen, weitere Einnahmen zu generieren. Wissenschaft und Technologie entwickeln sich heute so schnell, dass es nicht unüblich ist, dass Technologien, die man erfindet, ungenutzt bleiben. Dies ermöglicht, solches Know-how anzubieten und Käufer oder Anwender zu finden. Das verbessert letztlich auch die Liquidität der Entwicklungsabteilungen.

Ferner bekommen Unternehmen dadurch, dass sie nach Problemlösungen suchen, Zugang zu Experten und Innovationen weltweit. Wenn eine Lösung gefunden wird, bringt das beide Partner weiter. Es ist nicht ungewöhnlich, dass einige Forscher sich dieser Probleme in ihrer Freizeit annehmen und, wenn sie erfolgreich sind, mit dem Preisgeld eine eigene Beratungsfirma gründen.

OPEN SOURCE IST GOLD WERT

1999 waren die Aussichten für eine Goldminenbetreiberin namens Goldcorp aus Toronto eher schlecht. Die Firma war geplagt von Streiks, hatte hohe Schulden, und die Förderung von Gold wurde immer teurer. Goldcorp stellte Rob McEwen als neuen Geschäftsführer ein, einen Investment-Manager, der aber keine Erfahrung in Bezug auf Goldminen hatte. Er nahm an einer Konferenz, am MIT teil, auf der Linux – das Opensource-Betriebssystem – vorgestellt und diskutiert wurde. Inspiriert durch die Konferenz ging er zurück zu seiner Firma und sprach mit seinem Chef-Geologen.»Weißt du, wenn wir das Gold nicht finden können, dann muss es jemand anders geben, der das kann. Ich werde alle geologischen Daten der vergangenen 50 Jahre ins Internet stellen und fragen, wo wir als Nächstes graben sollen.«

Dementsprechend startete Goldcorp im März 2000 die Goldcorp Challenge. Die Firma veröffentlichte die geologischen Daten der vergangenen 50 Jahre auf seiner Webseite und versprach ein Preisgeld von 575 000 Dollar an denjenigen, der die besten Suchmethoden und Schätzungen abgab. Die Nachricht über den Wettbewerb verbreitete sich schnell, und rasch machten sich über 1000 Schürfer an die Arbeit, die Daten zu analysieren.

Dann ging es Schlag auf Schlag: Innerhalb weniger Wochen kam eine Flut von Vorschlägen zu Goldcorp. Diese Vorschläge stammten von Studenten, Mathematikern, Beratern, Militärangehörigen und kompletten Neulingen im Bergbau. Viele neue Ideen und Techniken wurden vorgestellt.

Etwa 110 neue Orte wurden empfohlen, wo Gold gesucht werden sollte. Etwa 50 Prozent dieser Orte waren Gebiete, in denen die

Goldcorp-Geologen niemals zu suchen gewagt hätten. Als Goldcorp Testgrabungen an diesen Orten machte, hatten über 80 Prozent gute Qualität von Gold.

Insgesamt förderte die Goldcorp 8 000 000 Unzen Gold seit Beginn des Wettbewerbes. Das katapultierte das Unternehmen von einer 100-Dollar-Firma zu einem 9-Milliarden-Konglomerat, das nun als eine der innovativsten und profitabelsten Firmen im Bergbau gilt. Rob McEwen glaubt, dass die Firma etwa zwei bis drei Jahre an geologischem Research gespart hat.

ES FUNKTIONIERT WIRKLICH

Während meiner Recherchen habe ich selbst einen Prozess durchlaufen, in dem ich mich fasziniert auf das Neue eingelassen und es zum Teil mühselig gelernt habe. Altes galt es gegen manchmal großen Widerstand loszulassen. Heute funktioniert mein Unternehmen teilweise nach den neuen Regeln, ist auf verschiedenen Plattformen dabei und verfügt über ein Team, das auf allen Erdteilen dieser Welt verstreut ist und von dem ich noch keinen gesehen habe!

Laut Tapscott und Williams wird diese Arbeitsweise selbstorganisierter Teams, die sich ganz bestimmten Aufgaben widmen, zur Norm werden. Hersteller und Lieferanten werden stärker miteinander verflochten sein. Passive Konsumenten sind out. Der moderne Konsument ist beim Kreieren seines Objekts der Begierde von Anfang an dabei. Zukunftsforscher nennen diesen neuen Typ »Prosumenten«. Das Spielzeugunternehmen Lego bindet bereits heute seine Kunden mit ein, seine Produkte weiterzuentwickeln, seit es 2004 kurz vor der Pleite stand und gezwungen war, sich selbst neu zu erfinden. Seit 2012 schreibt Lego wieder Rekordzahlen und gehört zu den Branchenführern.

—— WIR-INTELLIGENZ ALS BASIS DER ZUKUNFTSFÄHIGKEIT

Wir können diese gigantische Transformation nur als Gemeinschaft meistern. Jedes Individuum wäre damit hoffnungslos überfordert. Es braucht Offenheit und Mut, sich gemeinsam in unbekanntes Terrain vorzuwagen und eine radikal neue Denk- und Handlungsweise zu entwickeln. Dazu gehören auch neuartige Konzepte von Führung, Organisation, Zusammenarbeit, Aus- und Weiterbildung. Wir werden unsere gesamte Kraft und alle verfügbaren Ressourcen brauchen, um gemeinsam eine Kultur des Lernens und Zusammenwirkens fördern und nähren zu können. Wer weiß, wie man Komplexität meistert, hat den Schlüssel zur Zukunft in der Hand.

WIR-INTELLIGENZ

Gemeint ist damit nicht nur die Komplexität unserer Entscheidungsgrundlagen, sondern auch und ganz besonders die Komplexität unserer neuen Möglichkeiten. Wir müssen lernen, sie zu erkennen und zu nutzen. Wer auf Offenheit und Kollaboration setzt, kann Wege finden, um sich im Unbekannten zurechtzufinden – aller Volatilität, Ungewissheit, Komplexität und Vieldeutigkeit der Rahmenbedingungen zum Trotz. Und gerade hier werden einige menschliche Fähigkeiten wertvoller denn je: Eine von ihnen ist die Übersetzungsfähigkeit. Nicht jene zwischen im Grunde ähnlichen Sprachen – sondern jene zwischen Gedanken und Gefühlen von Menschen unterschiedlichster Herkunft; zwischen den verschiedensten Kulturen und Identitäten. Umgang mit Komplexität erfordert komplexe Denkweisen. Die Anerkennung der Vielfalt wird zum Teil der Lösung. Aber da werden Werte aufeinanderprallen, und unser Gefühl dafür, dass wir alle Menschen sind, wird aufs Äußerte gefordert werden. Die Führungskraft der Zukunft wird die Weisheit der Menschheit in ihrem ganzen Facettenreichtum nutzen müssen. Nur so kann eine Workforce entstehen, die es an Komplexität mit derjenigen der technischen Rahmenbedingungen aufnehmen kann.

ZUKUNFT VERSTEHEN

»Wenn wir Zukunft verstehen wollen, müssen wir das Phänomen der Komplexität auf neue Weise verstehen lernen«, schreibt der Zukunftsforscher Matthias Horx. Joël Luc Cachelin schreibt: »Als menschliche Wesen wachsen wir in einem einzigen Netz zusammen. Die daraus resultierenden Daten erlauben es uns, als Menschheit eine neue Stufe der kollektiven Intelligenz zu erreichen.«

ZUKUNFT GESTALTEN

Es ist unser aller Verantwortung, der Frage nach der Zukunft besondere Beachtung zu schenken. Sie birgt die Gefahr einer sozialen Zeitbombe, die uns alle geht. Hier ein paar Gedanken als Anregung:

In der Gesellschaft:

> Mehr Menschen werden in der Zukunft ohne Arbeit sein, gewollt oder ungewollt. Kreativität und die Erweiterung eines protestantischen Arbeitsverständnisses können dazu beitragen, Arbeitslosigkeit nicht nur als Mangel sondern auch als Chance zu begreifen.

> Die Möglichkeit von Massenarbeitslosigkeit und allfällig aufkommenden Spannungen zwischen verschiedenen gesellschaftlichen Gruppen sind Themen, die uns alle beschäftigen werden. Die Politik könnte Arbeitsgruppen a la Ideogoras bil-

den, um die Weisheit verschiedenster Denkansätze zu nutzen, wie wir diesem Thema begegnen könnten.

> Über das bedingungslose Grundeinkommen oder eine Umverteilung der bestehenden Arbeit auf mehr Menschen wird schon nachgedacht. Ich denke, noch zu wenig. Mein Anliegen wäre, Plattformen wie Wikis und Ideogoras zu nutzen, um global neue Denkweisen abzuholen, wie wirtschaftlichen Spannungen und schwindenden Konsumentenzahlen entgegengetreten werden kann.

> Heute geht es nicht mehr um Arbeitskampf sondern um Erwerbskampf. Sind sich Gewerkschaften dessen bewusst?

> Eines meiner größten Anliegen ist die Bildung. Wie können Wirtschaft, Wissenschaften und Politik so zusammenarbeiten, dass die Aus- und Weiterbildungsgänge den Erfordernissen entsprechen, die Zukunft zu gestalten?

> Persönlichkeitsentfaltung und Identität sollten nicht nur über die Berufsrolle definiert werden, denn der Wechsel zwischen Phasen der Erwerbsarbeit und der Erwerbslosigkeit könnte Standard werden.

Im Unternehmen:

> Eine Studie vom diesjährigen WEF zeigt, dass sich die Führungskräfte zwar über den anrollenden sozioökonomischen, technologischen und demografischen Wandel bewusst sind, diese Erkenntnisse aber noch nicht in die HR-Planung miteinbezogen haben.

> Mitverantwortlichkeit der Wirtschaftsbetriebe an der Ausgestaltung der gesamtgesellschaftlichen Zukunft.

> Den demografischen Veränderungen kann zum Beispiel mit Talent-Diversifikation begegnet werden: Ich würde gerne mehr Frauen und Ältere stärker einbezogen wissen.

> Flexible Arbeitsmöglichkeiten und Online-Plattformen zur Zusammenarbeit schaffen.

> Die immer wertvoller werdenden Soft Skills für Angestellte der Zukunft sind:
> Emotionale Intelligenz, Kreativität, Flexibilität und Selbsterkenntnis

Meines Erachtens werden jene verlieren, die weiterhin mit veraltetem Management-Verständnis und überholten Methoden agieren. Gewinner werden jene sein, die sich mit der Zukunft auseinandersetzen. Wie niemand sonst sind Entrepreneurs und Führungspersönlichkeiten Agenten der Zukunft. Nicht von der Zukunft überrollt zu werden, sondern sie mitzugestalten, setzt die Fähigkeit voraus, die Weisheit der Gemeinschaft zur Entfaltung zu bringen.

02

— **DIE NEUE ORGANISATION**

Die Organisationsstrukturen müssen zu einem lebendigen Raum der Zusammenarbeit werden, wo Wissen und Verstehen rasch erzeugt werden, welche die Organisation schnell und effizient machen.

Komplexität ist die größte Herausforderung, die wir zu bewältigen haben. Herkömmliche Managementmethoden reichen nicht mehr. Organisationen sind ineffizient, solange sie in Strukturen aus dem letzten Jahrhundert feststecken. Manager müssen Raum für eine rasche Potenzialentfaltung des Kollektivs schaffen. Es ist ihre Aufgabe, Wir-Strukturen zu entwickeln, in denen die Workforce so vernetzt ist, dass sich Wissen und Verstehen bilden, die höhere Lösungen zu den Herausforderungen erzeugen und Organisationen agil, schnell und effizient machen.

WATERFALL

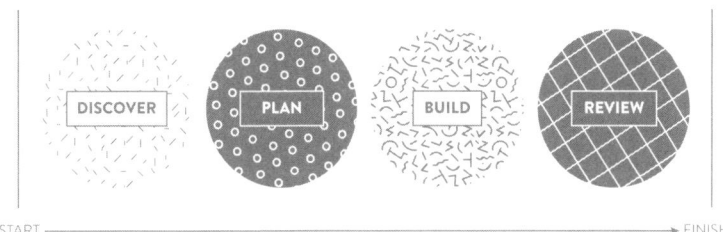

AGILE

> Die Organisation der Zukunft ist digital, agil, schnell und klar.
> Selbstorganisation wird wichtiger als Machtkonzentration.
> Wir brauchen mehr Weisheit statt Kontrolle.

Es geht also darum, Kontrolle abzugeben, das heißt, die Machtbasis zu verbreitern, um Reaktionszeiten zu verringern und die Dynamik zu erhöhen. Dass die Umgestaltung der Arbeitswelt auch auf Widerstand stößt, ist verständlich. Ebenso kann die Umsetzung neuer Führungsmodelle Angst machen. Beide Reaktionsweisen sind ernst zu nehmen, aber auch zu bearbeiten. Denn sie können sich fatal auswirken.

—— DER UNTERGANG DES KAPITÄNS

»WENN SIE GLAUBEN, ALLES UNTER KONTROLLE ZU HABEN, DANN FAHREN SIE EINFACH NOCH NICHT SCHNELL GENUG.«

MARIO ANDRETTI, US-AMERIKANISCHER EX-FORMEL-1-
UND INDY-CAR-PILOT, UNTERNEHMENSBERATER;
ZITIERT NACH SCHMIDT U.A., *WIE GOOGLE TICKT*

Aber wer kontrollierte dann den Wagen, wenn Andretti über die Grenzen seiner vollen Kontrolle hinausging? Wenn er jenseits des Limits fuhr?

Geduld! Die Antwort kommt.

Erst einmal brauchte Andretti den Mut, es zu tun. Beim ersten Mal kann man sich auf keinerlei Erfahrung stützen. Wenn es gilt, etwas Neues zu wagen, ist die Erfahrung der schlechteste Ratgeber.

David Cook verkaufte der US-amerikanischen Öl- und Gasbranche Software, als jene 1985 in die Krise rutschte. Cook musste sich also neu erfinden. Er eröffnete in Dallas seine erste Videothek unter dem Namen Blockbuster. Schnell eröffnete er landesweit eine Vielzahl weiterer Geschäfte und verkaufte schließlich die Rechte der Blockbuster Entertainment Corporation für 8,4 Milliarden US-Dollar an Viacom.

Es war gemütlich, in den 1980er- und 1990er-Jahren zwischen den Regalen gut sortierter Videotheken herumzustreifen. Als die VHS-Kassetten durch DVDs ersetzt wurden, änderte das nicht viel daran, dass Videotheken Treffpunkte der Vertreter verschiedener Interessengruppen blieben. Damit war in den USA erst Schluss, als man die Scheiben per Snailmail anliefern lassen und retournieren konnte. Wie viele andere Kunden beklagten sich Marc Randolph und Ree Hastings über die vergleichsweise hohen Gebühren, die bei verspäteter Rückgabe anfielen. Den Rest gab ihnen, dass ihnen wegen verspäteter Rückgabe von *Apollo 13* eine Strafzahlung von 40 Dollar verrechnet wurde. Hastings und Randolph stiegen in den Markt ein und gründeten Netflix. Ihr Unterschied: Sie machten ihre Kunden zu Mitgliedern, die einen fixen Monatsbeitrag einzahlten. Die Dauer der Ausleihe fiel dabei nicht länger ins Gewicht. Damit hatte Netflix mit der Tradition gebrochen. Wie konnte man sich eine so sichere und bewährte Einnahmequelle einfach versagen? Noch im Jahr 2000 nahm Blockbuster jährlich 800 Millionen Dollar aus *Late Fees* ein. Das entsprach 16 Prozent ihrer Erlöse.

Der Durchbruch folgte mit der Streamingtechnologie. Randolph und Hastings lasen die Zeichen der Zeit. Bis Anfang 2010 war Netflix schneller gewachsen als jeder andere Dienstleister der US Postal Services. Mit der Umstellung auf Streaming wurde Netflix innerhalb kürzester Zeit während der Primetime zum größten Internetuser der USA.

Die Firma Blockbuster, lange Marktführerin bei Videotheken, musste im September 2010 Konkurs anmelden.

In den frühen 2000er-Jahren hatte Reed Hastings seinen DVD-Postversand für 50 Millionen Dollar dem Management von Blockbuster angeboten. Aber Blockbuster-Chef John Antioco sah, dass Netflix Geld verlor, und schlug das Angebot aus. Heute hat Netflix einen Marktwert von 19,7 Milliarden Dollar. Was Antioco fehlte, war die Vision.

Die gebührenpflichtige SMS revolutionierte ab den 1990er-Jahren weltweit die soziale Interaktion. »Simsen« wurde schnell zum gängigen deutschen Verb. 2010 trat WhatsApp seinen Siegeszug an. Schon lange vor der Übernahme durch Facebook im Jahr 2014 hatte WhatsApp die gebührenpflichtige SMS aus dem Markt gedrängt. WhatsApp bietet kostenlose Kommunikation über Sprachnachricht, Video- und Fotoversand. Die Telekommunikationsriesen waren zu langsam. Ihr SMS-Markt liegt am Boden.

Blüht jetzt der Versicherungsbranche dasselbe mit FinanceFox?

Das Schweizer Start-up FinanceFox ist jedenfalls ein weiteres Beispiel dafür, wie heute ein technologisch fixer David gegen einen traditioneller orientierten Goliath antreten kann. FinanceFox versteht sich als Versicherungsbroker der Zukunft und lässt eine ganze Branche um ihre Zukunft zittern. Die Website verspricht:

»Alle Versicherungen sicher und perfekt in einer App verwalten und optimieren. Alle Verträge auf einen Blick und immer den richtigen Tarif für Ihre Bedürfnisse. Alle Versicherungsangelegenheiten an einem Ort und persönliche Beratung und Betreuung durch zertifizierte Experten. Das ist FinanceFox.«

FinanceFox-User können alle ihre Versicherungen digital per App auf dem Telefon verwalten. Das betrifft bestehende Verträge und Tarife. Der Nutzer kann sogar Schadensfälle per App melden. Und sollte es irgendwo bessere Konditionen geben, meldet sich der Dienst automatisch mit den besten Angeboten. Damit dürften die Tage der klassischen Versicherungsbroker bald gezählt sein.

Airbnb ist ein Marktplatz, auf dem Wohnungen auf der ganzen Welt online angeboten, entdeckt und gebucht werden können. Das Angebot von Airbnb offeriert Reiseerlebnisse in allen Preisklassen in über 190 Ländern und 34 000 Städten. Die Nutzer schätzen diese einfache Möglichkeit, ihren freien Wohnraum einem Millionenpublikum vorzustellen und in klingende Münze umzusetzen.

Der Markt von Airbnb wächst explosionsartig. Einige Städte haben deshalb spezifische Gesetze erlassen, um der »wilden« Wohnungsvermietung Einhalt zu gebieten. Namentlich Hoteliers widersetzen sich dieser Entwicklung mit allen Kräften. Sie begründen ihr Lobbying mit dem Argument, dass sie wesentlich stärker reguliert sind und eine höhere Steuerlast als Privatvermieter zu tragen haben.

Paris ist nicht nur eine der von Touristen am meisten besuchte Stadt der Welt, sondern auch die Nummer eins im Ranking von Airbnb. Der bedeutendste Branchenverband der Hotel- und Restaurationsbetriebe Frankreichs (Union des Métiers de l'Industrie Hôtelière UMIH) beklagte die »Industrialisierung« der temporären Vermietung möblierter Unterkünfte. Sie erklärte, dass 20 Prozent der über die amerikanische Plattform vorgenommenen Reservierungen von Pariser Appartements von Mehrfach-Wohnungsbesitzern stammten. Dies mache ein Drittel des von der UMIH erwirtschafteten Umsatzes aus. Airbnb versicherte indessen, die Vermieter über die geltenden Verordnungen zu informieren, und erklärte lakonisch: »Airbnb stiehlt den Hoteliers keine Marktanteile, sie vergrößert nur den Kuchen.«

Die Vehemenz dieser Debatten zeigt, wie sich auch in diesem Marktbereich ein Epochenwechsel anbahnt. Wer im Tourismus die Zeichen der Zeit nicht erkennt, wird das Schicksal der Musikindustrie teilen, die im Clinch mit iTunes stand. Oder anders gesagt: Es wird vielen Hotels und Pensionen wohl so ergehen wie zahlreichen Buchhandlungen, welche die Chance verpasst haben, auf die Konkurrenz von Amazon zu reagieren.

Stellen Sie sich vor, Sie geraten als Führungskraft mit Ihrem Betrieb in den Strudel einer solchen Dynamik. Können Sie so etwas antizipieren? Kontrollieren lässt sich die Dynamik jedenfalls nicht.

—— GESTERN NOCH RAUPE, HEUTE SCHON SCHMETTERLING

Der Schweizer Ökonom Peter Ulrich, Wirtschaftswissenschaftler und Begründer der Integrativen Wirtschaftsethik, beschreibt die Komplexität einer Situation aufgrund der Anzahl einwirkender Faktoren und der Dichte ihrer Interdependenzen. Er charakterisiert Letztere als Merkmal schlecht strukturierbarer Entscheidungssituationen. Und der Wiener Unternehmensberater Heinz Peter Wallner bringt die Auswirkung dieser Situation auf seiner Website geistreich auf den Punkt: »Komplexität macht das Managerleben zu einem Dauergeburtstag. Es gibt jeden Tag eine neue Überraschung.«

Gewinner sind heute keine Einzelpersonen mehr, sondern überschaubare Gruppen junger Leute, die eine zündende Idee haben und diese blitzartig umsetzen. Sie pfeifen auf Strukturen und konzentrieren sich indessen auf das Produkt. Und hochtrabende Titel lassen sie kalt. Sie witzeln sogar darüber und zeichnen sich auf ihren Visitenkarten mit spaßigen Positionen aus. Zum Beispiel »Inspecteur des travaux finis«, »Dr. Spock« oder »Digital Yoga«.

—— WARUM FÜHRUNG UND ORGANISATIONEN NEU ERFUNDEN WERDEN MÜSSEN

Die Grenzen der Organisation lösen sich auf. Die Organisation als identitätsstiftender Anker verliert den Halt in der Basis. Umso mehr gilt es, eine starke Wertekultur zu fördern. Im Zeitalter der Digitalisierung zeigt sich eine tiefe Sehnsucht nach Sinn, Zugehörigkeit und Orientierung.

»Es hat ein Erdbeben in den Kommunikationskanälen stattgefunden, und jetzt erreicht der Tsunami die Führungsetagen«, schreibt Netzwerkforscher Peter Kruse in seinem Beitrag zu *ManagerSeminare* 2013.

Viele Unternehmer von altem Schrot und Korn sind sich der wachsenden Komplexität noch nicht ganz bewusst. Andere Kapitäne fürchten zu Recht, von den findigen Schiffsjungen ersetzt zu werden. Diese sind längst nicht mehr allein in Start-ups der Hightech-Industrie zu finden. Plötzlich mischen sie schon ganze Konzerne auf. Viele alte Steuermänner reagieren darauf mit Abschottung, Hypertonie und autoritärem Gebaren.

Die Digitalisierung stellt nicht nur traditionelle Unternehmensstrategien auf den Kopf, sondern revolutioniert auch das Verhältnis zwischen Kunden, Mitarbeitern und Führungskräften. Die Übervorteilung der Marktpartner hat definitiv ausgedient, gesucht werden Win-win-Situationen. Netzwerkforscher und Organisationspsychologe Peter Kruse (1955–2015) von der Universität Bremen fährt in Anlehnung an *Star Wars* fort:

»Ich spüre eine starke Erschütterung der Macht. Wir haben eine Situation, in der sich die Rahmenbedingungen für Führung gesellschaftlich grundlegend ändern. Mit dem Internet, insbesondere mit den Social Media, haben wir eine völlig neue Dimension der Vernetzungsdichte erreicht. Wir haben ein System erzeugt, in dem sich eine explodierende Zahl von Beteiligten mit hoher Eigenaktivität austauschen. Solche Systeme haben eine Tendenz zur Nichtlinearität – sie können sich sehr plötzlich zu Massenbewegungen aufschaukeln. Das heißt, es passieren immer häufiger Dinge, die der Einzelne nicht vorhersagen kann.«

Was bedeutet diese Erkenntnis für die Führungspraxis? Auf der einen Seite stehen die Führungskräfte vor dem Problem, die für sie relevante Informationsflut nicht mehr vollumfänglich erfassen und bewältigen zu können. Auf der anderen Seite sind die Auswirkungen ihres eigenen Handelns und jene ihres Umfelds nicht mehr abschätzbar. Ergo: Die Komplexität wird deutlich größer und der Planungshorizont immer enger. Dadurch gerät der Manager massiv unter Druck. Denn bisher definierte sich sein Führungsanspruch auch durch die Fähigkeit, strategische Voraussagen zu machen und entsprechende Handlungsanweisungen zu geben. Doch die systemimmanente Komplexität lässt derartige Prognosen und entsprechende Direktiven mehr denn je auf tönernen Füßen stehen. Die Rolle des Kaders als Vordenker gerät ins Wanken. Sein Legitimationsproblem wird zu einer zentralen Beschäftigung. Fragt man den Steuermann nach seinem Führungskurs, kann er bestenfalls noch sagen, er segle auf Sicht.

Allein mit der Intelligenz und den fachlichen oder sachlichen Fähigkeiten von Einzelpersonen wird sich kein Unternehmen mehr im Markt behaupten können. Die Soziologie weist nach, dass Kommunikation und spezifische Handlungen von Individuen im Verbund mit anderen Personen meist intelligentere Verhaltensweisen der betreffenden sozialen Gemeinschaft bewirken. Die kollektive Intelligenz – man spricht heute auch von Gruppen- oder Schwarmintelligenz – wird immer relevanter für die Praxis.

Die Illusion, im Umfeld erhöhter Dynamik und damit zunehmender Komplexität mit herkömmlichen statischen Strukturen erfolgreich agieren zu können, gleicht dem hilflosen Versuch, einen Formel-1-Boliden während des gesamten Rennens im ersten Gang zu fahren. Der in Zukunft erfolgreiche Manager hat also die primäre Aufgabe, optimale Rahmenbedingungen zu schaffen, um die Klugheit des Kollektivs ausschöpfen zu können. Die Kompetenz in Bezug auf die Wissensbeschaffung und deren Mechanismen wird auf jeden Fall zu einem entscheidenden Erfolgsfaktor in der Unternehmensführung.

Auch Peter Kruse glaubte an die neuen Netze: »Selbstorganisierende Netzwerke sind das favorisierte Zukunftsmodell. Die meisten Führungskräfte sind sicher, dass die Organisation in Netzwerkstrukturen am besten geeignet ist, die Herausforderungen der modernen Arbeitswelt zu bewältigen. Mit der kollektiven Intelligenz selbstorganisierender Netzwerke verbinden diese Führungskräfte die Hoffnung auf mehr kreative Impulse, höhere Innovationskraft, Beschleunigung der Prozesse und Verringerung von Komplexität.«

Für Führungskräfte werde es nach Kruse immer wichtiger, die Dinge mit vielen Beteiligten zu beleuchten, um herauszufinden, worum es eigentlich geht. Und hierzu müssten sie bereit sein, sich selbst mehr in Netzwerken zu bewegen (was allerdings die Komplexität weiter erhöht). Führungskräfte müssten sich darauf einlassen, dass sie nicht mehr die dominanten Gestalter des Geschehens sind. In Netzwerken verlagere sich die Macht vom Anbieter zum Nachfrager. In einem Netzwerk ist es letztlich der Nachfrager, der entscheidet, was wichtig ist und was nicht. Die mit der Vernetzung einhergehende Demokratisierung der Information und die steigenden Einflussmöglichkeiten von Mitarbeitern und Kunden konfrontieren Führungskräfte mit einer ganz neuartigen Herausforderung.

Fredmund Malik sieht die Aufgabe darin, dass in einem Unternehmen eine Vielzahl von Menschen so vernetzt werden muss, dass die schnell wechselnden Problemstellungen rasch verstanden und auf einer höheren Ebene gelöst werden können.

DER GENERAL UND DIE GEHEIMNISKRÄMER

Die Autoren Jamie Notter und Maddie Grant bringen in ihrem Buch *When Millennials Take Over* hierfür ein überzeugendes Beispiel aus der US-Militärgeschichte. Es geht dabei um Aussagen von Stanley Allen McChrystal (*1954), der von 2009 bis 2010 als General in Afghanistan im Einsatz stand. Zuvor hatte er als Kommandant des Joint Special Operations Command (JSOC) zahlreiche Einsätze von Spezialtruppen gegen die terroristische Vereinigung Al-Kaida geleitet.

Der General stellte an der Front fest, dass seine Spionagetruppen zwar gute Arbeit leisteten, ihre Erkenntnisse aber für sich behielten. Sie monopolisierten förmlich Berge von wertvollen Informationen. »Informationen haben nur dann einen Wert, wenn andere damit etwas anfangen können und dürfen«, sagte der General. Er machte deshalb eine Vielzahl der als »streng geheim« eingestuften Akten für andere Einheiten verfügbar. Er ließ Offiziere auch räumlich zusammenrücken. Durch ihre physische Nähe förderte er die einheitsübergreifende Kommunikation. Das Resultat: Als er seinen Dienst antrat, gab es 18 Einsätze im Monat. Nach zwei Jahren waren es 300. McChrystal erzielte diesen Erfolg, indem er die Geheimhaltungskultur lockerte und traditionelle Strukturen in eine hoch vernetzte Informationsorganisation umwandelte.

—— NACH WELCHEM ORGANISATIONSMODELL FÜHREN SIE?

In seinem Buch *Reinventing Organizations* beschreibt der ehemalige McKinsey-Berater Frederic Laloux auf faszinierende Weise die Entwicklung der Organisationsmodelle. Er stellt sich die Frage, ob wir vom Land »Management, wie wir es kennen« ablegen und Kurs auf eine neue Welt nehmen können. Oder ob wir einfach vom Rand der Welt fallen, weil es hinter dem Bekannten nichts mehr gibt. Zu seiner eigenen Überraschung fand er einen Teil der Antwort nicht beim Blick nach vorn, sondern durch den Blick zurück in die Vergangenheit. Im Laufe der Geschichte hat die Menschheit mehrere Male die Art und Weise, wie Menschen zusammenkommen, um gemeinsam zu arbeiten, neu erfunden. Dabei habe sich jedes Mal ein weitaus überlegeneres Organisationsmodell herausgebildet. Er stellte auch fest, dass sich Organisationsmodelle parallel zur Entwicklung der Menschen geformt haben. Wie hat sich die Menschheit entwickelt? Eine große Anzahl von Menschen, vom Historiker über Anthropologen, Philosophen und Psychologen bis hin zu Neuropsychiatern, haben sich dieser Frage gewidmet. In ihren Untersuchungen haben sie immer wieder zeigen können, dass sich die Menschheit in Stufen entwickelte. »Wir sind nicht wie Bäume, die kontinuierlich wachsen. Wir entwickeln uns durch plötzliche Transformationen – wie eine Raupe, die zum Schmetterling wird, oder eine Kaulquappe, die sich zum Frosch entwickelt.«

Insbesondere hat Ken Wilber außergewöhnliche Arbeit geleistet, indem er alle wichtigen Stufenmodelle miteinander verglichen und einander gegenübergestellt hat. Wilber geht im Nachwort zu Laloux' Buch näher auf das Thema ein. Dabei stellt er ein erstaunliches Maß an Übereinstimmungen fest. Laloux konstruiert das

Bild: Jedes Modell betrachtet vielleicht einen anderen Teil des Berges, aber es ist der gleiche Berg. Die Forscher geben den Stufen vielleicht unterschiedliche Namen oder unterteilen und nennen sie anders. Aber das zugrunde liegende Phänomen ist das gleiche. Jede Bewegung in eine neue Bewusstseinsstufe hat eine völlig neue Ära der Menschheitsgeschichte eingeläutet. Und das Faszinierende in unserem Kontext: Mit jeder neuen Stufe des menschlichen Bewusstseins ging auch ein Durchbruch in unserer Fähigkeit zur Zusammenarbeit einher. Das führte immer wieder zu einem neuen Organisationsmodell. Die Organisationen, die wir heute kennen, sind der Ausdruck unserer gegenwärtigen Weltsicht und unserer momentanen Entwicklungsstufe. Es gab zuvor andere Modelle, und alles deutet darauf hin, dass es weitere geben wird. Wie sehen nun die Organisationsmodelle in Vergangenheit und Gegenwart der Menschheitsgeschichte aus? Und wie könnte das nächste Modell beschaffen sein? Frederic Laloux konfrontiert uns mit spannenden, ausführlichen und tiefgründigen Einsichten. Ich möchte hier der Einfachheit halber eine zusammenfassende Übersicht der jüngsten vier Organisationsmodelle vorstellen, die Laloux beschreibt. Nie zuvor in der Geschichte der Menschheit haben so viele verschiedene Organisationsmodelle gleichzeitig nebeneinander existiert und nebeneinander agiert wie heute.

—— STUFEN DER ORGANISATIONS-ENTWICKLUNG

DAS MODELL

In einer groben Verallgemeinerung können wir gemäß Laloux sagen, dass in den entwickelten Ländern tribalistische impulsive Organisationen nur an den Rändern existieren. Traditionelle konformistische Organisationen sind in Regierungsbehörden, dem

Militär, in religiösen Organisationen und im öffentlichen Schulsystem immer noch sehr verbreitet. Das moderne leistungsorientierte Paradigma ist eindeutig die vorherrschende Perspektive der Wirtschaftsunternehmen von der Wall Street bis zu Kleinunternehmen. Postmoderne pluralistische Unternehmen sind zunehmend auf dem Vormarsch, nicht nur unter gemeinnützigen Organisationen, sondern auch in der Wirtschaft. Die Tabelle zeigt den gegenwärtigen Stand der Dinge, aus dem heraus vielleicht gerade ein neues Modell entsteht.

Frederic Laloux weist auch darauf hin, dass es nicht notwendigerweise besser ist, auf einer höheren Entwicklungsebene zu sein. Wir würden Probleme schaffen, wenn wir sagen würden, dass die späteren Stufen besser sind als die früheren. Er meint, eine angemessene Interpretation bestünde darin, dass sie komplexer in ihrem Umgang mit der Welt seien. Gleichzeitig habe jede Ebene ihre Licht- und Schattenseiten, ihre gesunden und ungesunden Ausdrucksformen. Die Moderne hat unserem Planeten zum Beispiel in einem Ausmaß geschadet, wie es vorhergehenden Stufen gar nicht möglich war.

Die Diskussion über Stufen ist nur eine Abstraktion der Realität, so wie eine geografische Landkarte nur eine vereinfachte Beschreibung einer Landschaft ist. Wir erhalten dadurch Unterscheidungen, die das Verstehen einer komplexen dahinterstehenden Wirklichkeit ermöglichen. Aber wir gewinnen keine genaue Abbildung der Wirklichkeit.

DIE NEUE GEISTESHALTUNG

Laloux ist es ein Anliegen, unzulässige Vereinfachung zu vermeiden und diese Entwicklungstheorien auf Organisationen anzuwenden. Man kann eine Organisation nicht einfach einer Stufe zuordnen. Wenn er sich auf die Entwicklungsstufen bezieht,

METAPHER	MODELL	MERKMAL
WOLFSRUDEL	TRIBALE IMPULSIVE ORGANISATIONEN	• STÄNDIGE MACHTAUSÜBUNG UND ANGST SICHERN GEHORSAM DER UNTERGEBENEN • WÄCHST IN CHAOTISCHER UMGEBUNG
ARMEE	TRADITIONELL KONFORMISTISCHE ORGANISATIONEN	• HIERARCHIE • STABILITÄT • KONTROLLE • ZUKUNFT IST DIE WIEDERHOLUNG DER VERGANGENHEIT
MASCHINE	MODERNE LEISTUNGSORIENTIERE ORGANISATION	• WETTBEWERB • PROFIT • MANAGEMENT DURCH ZIELVORGABEN
FAMILIE	POSTMODERNE PLURALISTISCHE ORGANISATION	• INNERHALB DER KLASSISCHEN PYRAMIDE IST DER FOKUS AUF GEMEINSAME WERTE UND HOHES ENGAGEMENT GERICHTET
LEBENDER ORGANISMUS	INTEGRALE REVOLUTIONÄRE ORGANISATIONEN	• ORGANISATION ALS LEBENDE WESENSEINHEIT • VERTEILTE ENTSCHEIDUNGSFINDUNG • HÖHERE BESTIMMUNG

BEISPIEL	DURCHBRÜCHE	GRENZEN
MAFIA STRASSENGANGS STAMMESMILIZEN	· ARBEITSTEILUNG · BEFEHLSAUTORITÄT	· KURZFRISTIGE PERSPEKTIVE
TRADITIONELLE KIRCHE MILITÄR DIE MEISTEN REGIERUNGSBEHÖRDEN DAS ÖFFENTLICHE SCHULSYSTEM	· FORMALE ROLLEN (STABILE UND SKALIERBARE HIERARCHIEN) · PROZESSE (LANGFRISTIGE PERSPEKTIVEN)	· BEI VERÄNDERUNGEN BEHINDERN RIGIDE STRUKTUREN NEUE VORGEHENSWEISEN
GROSSE UNTERNEHMEN ÖFFENTLICHE ORGANISATIONEN	· INNOVATION · VERLÄSSLICHKEIT · LEISTUNGSPRINZIP	· PROFIT ALS MOTIVATION GENÜGT NICHT · MENSCH WIRD DESINTERESSIERT
KULTURORIENTIERTE ORGANISATIONEN (Z.B. SOUTHWEST AIRLINES)	· WERTEORIENTIERTE KULTUR · BERÜCKSICHTIGUNG ALLER INTERESSENGRUPPEN	· KONSENSBILDUNG KANN PROZESS VERLANGSAMEN
PATAGONIA BUURZORG AFCA	· GANZHEIT · SELBSTORGANISATION · SINNZENTRIERTHEIT	· KANN DAS FUNKTIONIEREN?

meint er Systeme und Kulturen, die auf einer bestimmten Stufe handeln. In großen Organisationen können zum Beispiel bestimmte Abteilungen und Orte andere Schwerpunkte haben als der Rest der Organisation. Ein typisches Beispiel: Das Hauptquartier eines großen, multinationalen Konzerns agiert hauptsächlich aus dem modernen Paradigma, während einige Fabriken traditionell organisiert sind.

Der Übergang in neue Stufen ist ein schwieriges Unterfangen. Die Hürden sind kognitiver, psychologischer und ethischer Natur. Die Bereitschaft, alte Gewohnheiten über Bord zu werfen und sich einer neuen Weltsicht zu öffnen, erfordert viel Arbeit an sich selbst. Dabei muss eine Durststrecke mit Unsicherheiten und Verwirrungen in Kauf genommen werden. Der Prozess kann vorübergehend auch in die Einsamkeit führen, zumal Bezugspersonen und Freunde vielleicht kein Verständnis für die Verhaltensänderungen aufbringen und sich distanzieren. Wer in ein neues Bewusstsein hineinwächst, erlebt einen psychodynamisch spannenden und streckenweise ziemlich rätselhaften Prozess. Mehr und mehr Unternehmen beanspruchen in dieser Phase professionelle Hilfe. Gefragt sind heute aber kaum mehr psychoanalytische Couch-Sitzungen, sondern kurzfristig greifende Hilfestellungen zur Selbsthilfe in Form von Coachings.

Eine neue Geisteshaltung lässt sich niemandem aufzwingen. In meiner Funktion als Coach erachte ich dies als eine der wichtigsten Erkenntnisse. Bewusstseinsentwicklung lässt sich nie und nimmer diktieren. Wir können den Veränderungswilligen aber sehr wohl darin unterstützen, ein neues Umfeld zu schaffen, das dem Wachstum in höhere Stufen förderlich ist. Wer sich mit Menschen umgibt, welche die Welt aus einer komplexeren Perspektive sehen und auch wagen, Dominosteine zum Fallen zu bringen, bewegt sich meist in einem Klima, in dem sich die eigenen inneren

Konflikte ohne Prestigeverlust thematisieren lassen. Dann ist die Wahrscheinlichkeit hoch, dass der Sprung gelingen wird. Eine Organisation kann sich nicht weiter entwickeln als die Entwicklungsebene, auf der sich die Führung befindet. Ich teile diese Einsicht mit Frederic Laloux, der tradierte Organisationsbilder trefflich reflektiert und hinterfragt, um das Bild einer erstrebenswerten Organisation der Zukunft zu entwerfen.

Die Literatur zur Unternehmenskultur stiftet oftmals Verwirrung, weil sie zwischen den Werten der Firmengründer oder des Topmanagements und jenen der Mitarbeiter nicht unterscheidet. Fakt ist, dass Unternehmer und Topmanager die Organisation auf der Basis ihrer eigenen Werte gestalten und damit zu überleben versuchen. Deshalb verkommen viele Unternehmen zum »verlängerten Schatten« ihres vorgestrigen Patrons. Der notwendige Paradigmenwechsel kann sich aber nur vollziehen, wenn Gegenlicht auf den »verlängerten Schatten« geworfen wird. Denn eine Organisation kann nur auf eine höhere Stufe gelangen, wenn die Menschen darin wachsen. Deshalb sind heute Führungskräfte gefragt, die bereit sind, ihr inneres Wachstum zu fördern, und die Kraft aufbringen, sich den eigenen Ängsten und immateriellen Bedürfnissen zu stellen und diese zu bearbeiten. So schaffen sie es auch, ihre Organisation von einer höheren Warte zu betrachten.

Jüngste Entwicklungen belegen ein zunehmend ungedecktes Bedürfnis nach klarer Identität und Zugehörigkeit. Diese vermitteln Stabilität und Sicherheit. Wie aber können zukünftige Führungskräfte diese Qualitäten fördern, wenn ihre sozialen Kompetenzen nicht ausgebildet wurden? Ich bin der Meinung, dass wir die Verantwortung haben, auch in unseren Ausbildungsstätten ganzheitliche Ansätze anzubieten. Es ist meine ganz persönliche Mission, diese Kompetenzen in meiner dazu eigens geschaffenen Academy zu fördern.

SOZIALE VERANTWORTUNG

Um die verschiedenen Organisationsformen zu erreichen, bedarf es mehrerer Durchbrüche. Ich möchte hier auf die letzten drei Transformationen eingehen, die Laloux in seinem Buch *Reinventing Organizations* beschreibt. Der erste Durchbruch postmoderner Organisationen ist das Empowerment. Entscheidungen werden in die Hände von Mitarbeitern gelegt, die weitreichende Entscheidungsbefugnis haben. Das bedeutet nicht, dass der Chef nach Hause gehen kann oder muss. Vielmehr ist das Gegenteil gefragt. Viele Führungskräfte haben längst das Bewusstsein entwickelt, dass sie die angestrebte neue, pluralistische Führungskultur präzise beschreiben und erläutern müssen. Nur so können sie erwarten, dass der innovative Ansatz von den Mitarbeitenden im Mittelbau umgesetzt wird.

Der zweite Durchbruch ist eine werteorientierte Kultur und eine inspirierende Sinnausrichtung. »In postmodernen Organisationen, wo Führungskräfte tatsächlich gemeinsamen Werten folgen, erleben wir ungemein lebendige Kulturen, in denen sich die Mitarbeiter wertgeschätzt fühlen und ermutigt werden, ihren Teil beizutragen«, berichtet Laloux weiter. Der dritte Durchbruch ist schließlich die Einbindung aller Interessengruppen. Nicht nur die Aktionäre oder Mitinhaber, sondern eben und vor allem auch die Mitarbeiter, Kunden und Zulieferer. CSR, Corporate Social Responsibility, drückt das aus. Die Metapher, die hier benutzt wird, ist die Familie. Sehr oft hören wir: »Die Mitarbeiter sind Teil einer Familie, sie halten zusammen, helfen einander und sind füreinander da.«

WARUM ALTE ORGANISATIONSMODELLE NICHT MEHR ZUKUNFTSFÄHIG SIND

Zur Erstarrung von Unternehmensstrukturen führen sowohl rationale wie auch emotionale Hemmfaktoren. Einerseits wird an unseren Hochschulen Management als angewandte Verwaltung gelehrt. Das trifft insbesondere für die Betriebswirtschaftslehre (BWL) zu, in der Legionen von Managern ihr »Handwerk« lernen. Sie beschäftigt sich mit planerischen, organisatorischen und rechentechnischen Entscheidungen in Betrieben. Zukünftige Manager lernen, Pläne zu erstellen und deren Umsetzung zu überwachen. Dieser Schwerpunkt ihrer Beschäftigung engt ihren Blickwinkel ein und verleitet sie zur Ansicht, dass die Wirtschaft mit dem Kontrollwesen steht und fällt. Accounting und Controlling sind zwar wichtig und nützlich, werden aber oft gegenüber sogenannten weichen Faktoren wie etwa Kommunikation und Corporate Social Responsibility überbewertet. Da sich die BWL auf der Sachebene des Unternehmensgeschehens bewegt, blendet sie entscheidende Fragen für die Zukunftsausrichtung aus. Gemeint sind Schlüsselfragen, deren Beantwortung auf den neuen Bewusstseinsstufen erfolgswirksam ist. Zum Beispiel: Wie gehe ich als Manager mit der Komplexität um? Wie aktiviere ich meine inneren Ressourcen? Wie kompensiere ich entsprechende Defizite? Wie gestalte und führe ich ein vielseitiges Workforce-Management, das sich in die Unternehmensstrategie einbetten lässt?

Affektive und soziale Aspekte kommen beim Tunnelblick auf die ökonomischen Ziele der BWL-fixierten Manager zu kurz. Entsprechende Kompetenzen werden, wenn überhaupt, am Rande behandelt. Sie kommen, wie Franz Kühmayer vom Zukunftsinstitut in Wien betont, in unzureichendem Maße und oft zu spät zum Tragen. Überdies erzeugen die mentalen Scheuklappen bei vielen Managern Furcht vor der Zukunft. Ihre Unsicherheit wird durch das Gefühl genährt, das Geschehen nicht im Griff zu haben. Dabei schließt sich der Teufelskreis. Der Betroffene sieht sich veranlasst, zusätzliche Kontrollen einzurichten und, noch schlimmer, strenge Überwachungsmaßnahmen durchzusetzen. Die Folge dieses planungs-, kontroll- und angstgetriebenen Führungsverhaltens bezeichnet der österreichische Unternehmensberater Ernst Wöber als »organisatorischen Bandscheibenvorfall«. Die flexiblen Gelenke des Unternehmens versteifen, und seine Bewegungsbreite verengt sich. Was bleibt, ist ein erstarrter, verwachsener Korpus. Eines ist jedenfalls sicher: Je rigider wir planen, desto empfindlicher trifft uns der Zufall.

Fazit: Die zukunftsfeste Organisation zeichnet sich durch hohe Flexibilität aus. Sie qualifiziert sich demnach weniger durch strenges Reporting oder stringente Planungsstrukturen, als vielmehr durch eine hohe Agilität. Sie hat seismografische Qualitäten – sie nimmt rasch wechselnde Umfeldbedingungen sofort wahr und passt sich der Situation iterativ und dynamisch an. Sie handelt in extrem kurzen Zyklen und ist im Idealfall proaktiv tätig. Diese Anforderungen betreffen insbesondere Wirtschaftsbereiche mit turbulenten Marktstrukturen und Produkten mit kurzen Lebenszyklen. Je schneller und stärker sich die Marktleistungen dem Innovationsdruck beugen und mit dem externen Veränderungstempo Schritt halten müssen, desto entscheidender ist die Wendigkeit des Unternehmens. Diese wird durch menschenzentrierte Führung wesentlich erhöht.

Auf die Frage, ob das Steuer durch die Organisationszentrale oder durch die Peripherie in die Hand zu nehmen ist, gibt es eine pragmatische Antwort: Entscheidungen werden von jenen Organisationsstellen getroffen, welche die größte Marktnähe aufweisen. Eine Vielzahl von kleineren Einheiten, die eine weitgehende

Selbstbestimmung genießen, führt zum institutionalisierten Chaos, könnte man meinen. Zukunftsorientierte Organisationen, in denen die Akteure sich synchronisiert bewegen, belegen genau das Gegenteil. Dieses Gleichmaß wird allerdings nicht durch langfristige Strategiepläne vorgegeben, sondern entfaltet sich vielmehr durch eine spezifische Unternehmenskultur: Die Gruppe bewältigt komplexe Probleme, indem sie ein Muster gemeinsamer Grundprämissen erlernt. Dadurch hält sie dieses für bindend und geeignet für den emotional korrekten Umgang mit Problemen. Einfacher ausgedrückt: Beobachten Sie einmal Fischschwärme, die von Raubfischen angegriffen werden.

Auf dem Weg zu dieser Unternehmenshaltung gewinnen jene Manager, die den Willen und die Kraft haben, die Organisation zu destabilisieren und bestehende Strukturen so behutsam zu erschüttern, dass das Ergebnis produktiv bleibt.

—— VERBLÜFFENDE ERFOLGE NEUER ORGANISATIONEN

NEUE SCHWERPUNKTE

Allgemeingültige Regeln zur Organisationsform der Zukunft kann es in einer komplexen und vielschichtigen Welt nicht geben. Das Einleiten von Veränderungsmaßnahmen ist genau jener Anstoß, der Zukunftskompetenz ausmacht.

In ein paar Jahren wird es mehr Organisationen geben, die dynamisch arbeiten oder Hybride sind, weil komplexe Organisationen Komplexität nicht mit herkömmlichen Strukturen, Methoden und Steuerungsinstrumenten lenken und meistern können.

Jamie Notter und Maddie Grant identifizieren in *When Millennials Take Over* folgende Schlüsseleigenschaften, die heute und morgen über den Erfolg eines Unternehmens entscheiden:

Evolutionäre Organisationen sind agil. Direkt übersetzt heißt das nichts anderes als Flexibilität und gehört bisweilen schon zu den Grundpfeilern der Betriebswirtschaft. Ihr Preisgefüge ist längst flexibel, ihre Arbeitszeiten sind gleitend (englisch *fluid*, wir kommen später noch einmal darauf zu sprechen). Worum es hier aber geht, ist das Unternehmen an sich. Wie flexibel ist die Organisation, wie schnell kann sie auf Änderungen reagieren?

Das klassische Bild des Managers zeigt den Kapitän auf der Brücke, der das Schiff durch sichere und stürmische Gewässer führt. Er sorgt dafür, dass im Falle eines Falles alle Mann an Deck sind. Heute sind Sie Captain eines Raumschiffes in einem mehrdimensionalen Raum und müssen nicht nur den Kurs ändern, sondern im Stil der Transformer bisweilen die komplette Form ihres Unternehmens. Und das schnell. Eine Definition von *Agile Business* liest sich so:

> *Business Agility* ist die Fähigkeit einer Organisation, auf Veränderungen schnell und wendig zu reagieren, indem die Ausgangskonfiguration angepasst wird. Agilität ist die Fähigkeit, sich an Veränderungen in Märkten und dem Geschäftsumfeld rasch, kostenbewusst und produktiv anzupassen. Das »Agile Enterprise« ist eine Erweiterung dieses Konzepts und bedeutet, dass hier Prinzipien der komplex adaptiven Systeme eingesetzt werden, um erfolgreich zu sein. Man kann so weit gehen zu sagen, dass *Business Agility* der Ausdruck des We-Q eines Unternehmens ist.

In der Softwarebranche benutzt man *Agile Development* schon lange. Dort ist es als *Scrum* bekannt. Der Begriff kommt aus dem Rugbysport, bedeutet übersetzt Gedränge und bezeichnet jenen

Haufen Spieler, der sich bildet, wenn ein Spiel nach einer Unterbrechung neu gestartet wird. In der Softwarebranche bedeutet es, dass es sehr kurze Produktionszyklen gibt. Alle zwei bis vier Wochen wird unterbrochen und Feedback eingeholt von Kunden und anderen Beteiligten. Dann wird weitergearbeitet. Koordiniert wird das Projekt von einem *Product Owner* und einem *Scrum Master*. Der *Product Owner* hört dem Kunden zu und sagt seinem Team, was gewünscht wird. Der *Scrum Master* managt das Team und schaut, dass alle Aufgaben erfüllt werden. Das Team bestimmt, wie viel Zeit es dafür braucht. Und: Wer ein Problem hat, geht nicht zum *Product Owner* oder *Scrum Master,* sondern zu seinen Kollegen.

Der Engländer Chris Brown, CEO von MangoMap, einer Softwareschmiede in Phnom Penh, Kambodscha, entwickelt genauso seine Programme. Auf Technologie-Un-Konferenzen, sogenannten *Barcamps*, wirbt er für seine Methode, die er 2011 in einem TED Talk in Phnom Penh vorstellte. »Zuerst haben wir eine Website, die ganz knapp sagt, was wir machen wollen, und ein Formular, um die E-Mail-Adresse zu hinterlassen. Wer das macht, hat schon mal Interesse. Diesen Interessenten, oder einem Teil, schicken wir eine erste Version und bitten um Feedback. Das bauen wir dann in die nächste Version ein und schicken diese dann einem größeren Kreis. So lagern wir quasi einen Teil der Entwicklung aus, lassen aber unsere Kunden am Prozess teilhaben.«

Was *Scrum* und ähnliche agile Entwicklungsmethoden so erfolgreich macht: Sie kommen aus der Praxis. Sie sind von Softwareentwicklern und anderen Praktikern geschaffen worden, um Probleme zu lösen. Das ist ein Grund, warum sie so gut funktionieren. Im Jahre 2001 einigten sich 17 Softwareentwickler auf das *Agile Manifest,* dessen Kernpunkte sich auf viele Unternehmensbereiche und auch Organisationen selbst anwenden lassen:

> Individuen und Interaktionen sind wichtiger als Prozesse und Werkzeuge. Zwar sind wohldefinierte Entwicklungsprozesse und -werkzeuge wichtig, wesentlicher sind jedoch die Qualifikation der Mitarbeitenden und eine effiziente Kommunikation zwischen ihnen.

> Funktionierende Programme sind wichtiger als ausführliche Dokumentationen. Eine gut geschriebene und ausführliche Dokumentation kann zwar hilfreich sein, das eigentliche Ziel der Entwicklung ist jedoch die fertige Software.

> Die stetige Abstimmung mit dem Kunden ist wichtiger als die ursprüngliche Leistungsbeschreibung in Verträgen. Statt sich an ursprünglich formulierten und mittlerweile veralteten Leistungsbeschreibungen in Verträgen festzuhalten, steht vielmehr die fortwährende konstruktive und vertrauensvolle Abstimmung mit dem Kunden im Mittelpunkt.

> Der Mut und die Offenheit für Änderungen stehen über dem Befolgen eines festgelegten Plans. Im Verlauf eines Entwicklungsprojektes ändern sich viele Anforderungen und Randbedingungen ebenso wie das Verständnis in Bezug auf das Problem. Das Team muss darauf schnell reagieren können.

In Zukunft werden Firmen vier Kompetenzen aufweisen müssen, welche die Geschäftswelt der Zukunft bestimmen werden:

> **Digital:** Das bedeutet, dass alle Prozesse und Facetten eines Unternehmens digitalisiert werden. Das ist nicht nur eine Frage der Werkzeuge, sondern vielmehr ein »Mindset« des Managements. E-Mails sind die heutigen *Snailmails*. Dringende Nachrichten werden per Messenger verschickt. Digitale Unternehmen wachsen schneller und erreichen mehr, weil sie näher am Kunden sind, sowohl intern als auch extern.

> **Agil:** Macht und Kontrolle sind dynamisch und flexibel verteilt. Die Zeiten der pyramidenförmigen linearen Strukturen und der Top-down-Hierarchien sind vorbei. Entscheidungen werden von denen getroffen, welche die meiste Kompetenz haben, nicht von denen, die den höchsten Titel tragen. Agile Firmen können Kunden effizienter und schneller bedienen. Sie mögen hier und da noch Hierarchien haben, aber diese funktionieren nach anderen Regeln als bisher.

> **Schnell:** Jeder Mensch kann heute innerhalb von vier Wochen ein Produkt erfinden, entwickeln, produzieren und auf den Markt bringen. Schnelle Unternehmen sind ihren Mitbewerbern voraus, auch wenn sie manchmal das Risiko eingehen, unkontrolliert in neue Dimensionen vorzustoßen.

> **Klar:** Zukunftsorientierte Unternehmen bieten eine klare Werteorientierung. Ihre Strategien und Informationen sind für alle Beteiligten verständlich, transparent und zugänglich, damit Entscheidungen rasch getroffen werden können. Klare Unternehmen treffen smarte Entscheidungen, weil ein größerer Kreis einbezogen wird. Je offener, umso besser. Intelligente Organisationen haben Mitarbeiter, die bessere Entscheidungen treffen, weil sie mehr Informationen zur Verfügung haben.

Revolutionen stellen uns immer auf die Schwelle zu etwas Neuem. Es gibt keine routinierten Revolutionäre. Revolutionen fallen uns nie leicht. Sonst würde es sich lediglich um Veränderungen handeln. Und das ist keine graue Theorie. Ich möchte Ihnen ein paar pionierhafte Unternehmer vorstellen, welche die hier dargelegten Erkenntnisse in ihre Firmenphilosophie integriert und damit bereits spektakuläre Resultate erzielt haben:

MORNING STAR – TOMATEN IM SELBSTMANAGEMENT

Das kalifornische Unternehmen Morning Star wurde 1970 von Chris Rufer gegründet. Damals bestand das Inventar aus einem einzigen Lastwagen, mit dem er selbst Tomaten zu den Verarbeitern transportierte. Heute verarbeitet Morning Star rund 25 Prozent aller in Kalifornien geernteten Tomaten und beherrscht in den USA 40 Prozent des Marktes für Tomatenmark und Dosentomaten. Der Umsatz lässt sich sehen: 350 Millionen Dollar! Wer einmal Pizza in den USA gegessen hat, hat mit großer Wahrscheinlichkeit ein Produkt von Morning Star konsumiert.

Die Geschichte vom kleinen Trucker, der sich zum erfolgreichen Unternehmer hinaufgearbeitet hat, klingt wie ein »American Dream«. Das ist sie auch, aber mit einer signifikanten Besonderheit: Der Erfolgsbetrieb basiert auf dem Prinzip des Selbstmanagements. Die Mitarbeitenden kommunizieren mit Kunden und Lieferanten und koordinieren Aufträge, ohne dafür Anweisungen entgegenzunehmen. Gefragt sind deshalb Mitarbeiter, die Spaß an der Arbeit haben, ihre Talente ausleben wollen und gewillt sind, diese auch anderen zur Verfügung zu stellen. Was Morning Star von herkömmlichen Betrieben im Ernährungssektor weiter unterscheidet, ist die Bereitschaft der ganzen Belegschaft, Verantwortung zu übernehmen. Damit stehen alle für etwas ein, das den Gesamtbetrieb kometenhaft zur nationalen Geltung aufsteigen ließ.

Bei Morning Star gibt es keine Vorgesetzten, geschweige denn Untergebene. Das kommt im *Mission Statement* klar zum Ausdruck. Es gibt nur Kolleginnen und Kollegen. Diese sind alle Experten in der Selbstverwaltung. Sie fühlen sich für die Verfolgung der Unternehmensmission und für die Führung der kalifornischen »Tomatenschlacht« verantwortlich. Sie haben sogar ein *Morning Star Self-Management Institute* ins Leben gerufen, das anderen Pionieren hilft, eigene Organisationsstrukturen aufzubauen, die auf dieser Vision basieren.

Zum Erfolgsrezept des Unternehmens meint Doug Kirkpatrick, ehemaliger Mitarbeiter von Morning Star, heute Unternehmensberater und Autor des Werks *Beyond Empowerment*: »Eigentlich ist dies die älteste Methode der Welt, weil ja jeder sein eigenes Leben auf einer selbstverwalteten Basis leben möchte. Niemand braucht einen Boss, der ihm sagt, wo er leben, was für ein Leben er führen und wem er begegnen oder wen er heiraten muss. Wir machten nichts anderes, als die jeweils individuellen Lebensgewohnheiten der Menschen zu übernehmen und sie dem Unternehmen und dem Arbeitsplatz entsprechend produktiv anzupassen.«

Die Philosophie von Morning Star beruht auf zwei fundamentalen Prinzipien:

> Individuen dürfen weder Zwang, Macht noch Befehlsgewalt ausüben.
> Individuen sind zur gegenseitigen Wertschätzung ihrer Arbeit anzuhalten.

Morning Star ist demnach weder eine Demokratie noch irgendeine andere -kratie. Es geht um einen integrierten Prozess mit einer maximal möglichen freien Entfaltung des Individuums im Talentverbund. Jeder Mitarbeitende hat eine Stimme, die gehört und respektiert wird. Muss beispielsweise eine Fachkraft für den Fuhrpark eingestellt werden, weil dort ein offensichtliches Defizit an Ressourcen herrscht, dann erörtert der zuständige Mechaniker mit der Personal- und der Finanzabteilung die Frage, ob eine Stellenbesetzung wirtschaftlich sinnvoll ist und zu welchen Bedingungen die neue Fachkraft eingestellt werden soll.

SEMCO – DAS UNDEFINIERBARE ERFOLGSUNTERNEHMEN

Was ist Semco?»Ich kann es nicht sagen«, erklärt der brasilianische Unternehmer Ricardo Semler in seinem Bestseller *Maverick*. »Seit 20 Jahren weigere ich mich, die Geschäftsfelder von Semco zu definieren. Und das hat einen guten Grund. Wenn die Geschäftsfelder einmal deklariert sind, ziehen sich für die Mitarbeiter Mauern auf. Ihr Denken wird begrenzt, und man liefert ihnen einen Grund, die Augen vor neuen Chancen zu verschließen. Deshalb kann ich nur sagen, in welchen Geschäftsfeldern Semco nicht tätig ist.«

Ricardo Semler war erst 19 Jahre alt, als er in die Maschinenbaufirma seines Vaters einstieg. Der klassische Generationenkonflikt war wie in vielen Familienbetrieben vorprogrammiert. Ricardo hatte brandneue Geschäftsideen, doch der Patriarch lehnte sie alle glattweg ab. Die Geschäfte gingen zusehends bergab. Doch 1982, nachdem Vater Semler die Firma seinem Sohn überlassen hatte, kam schlagartig alles anders. Als Erstes entließ Ricardo mehr als die Hälfte der Belegschaft. Er bildete überschaubare Teams, die selbstständig entscheiden durften. Außerdem schaffte er alle Titel ab. Noch verrückter: Die Belegschaft erkor alle sechs Monate einen neuen CEO, und die Mitarbeitenden bestimmten ihre Gehälter selbst. Das war ein komplexer und langwieriger Prozess. Semler war gesundheitlich angeschlagen und musste deshalb kürzertreten. Dennoch blieb das Unternehmen auf der Zielgeraden. Der Jahresumsatz von 4 Millionen US-Dollar im Jahre 1982 kletterte in den folgenden zehn Jahren auf 212 Millionen US-Dollar. 1992 erkor die lateinamerikanische Ausgabe des *Wallstreet Journals* Ricardo Semler zum Unternehmer des Jahres.

Zur Reduktion seiner Arbeitszeit berichtet Semler in einem TED Talk:»Montags und donnerstags lerne ich zu sterben. Ich nenne sie meine ›letzten Tage‹. Meine Frau Fernanda mag diese Bezeichnung nicht. Aber viele meiner Familienmitglieder starben an Hautkrebs, und meine Eltern und Großeltern hatten auch Krebs. Ich dachte immer, eines Tages werde ich vor einem Arzt sitzen, der meine Befunde ansieht und sagt: ›Ricardo, es sieht nicht gut aus. Sie haben nur noch sechs Monate oder ein Jahr zu leben.‹ Jeden Montag und Donnerstag werde ich meine ›letzten Tage‹ nutzen. Ich werde an diesen Tagen das tun, was ich tun würde, wenn ich diese Nachricht bekommen hätte.«

Semco ist heute ein Gemischtwarenkonzern mit über 3000 Mitarbeitern. Doch strukturell bewegt sich das Unternehmen wie ein KMU. Semler beschreibt die Grobstruktur des Unternehmens in seinem Buch *Maverick* als eine Kreisstruktur auf drei Ebenen:

> Ein Kreis aus sechs Personen (Beratern) koordiniert die allgemeine Politik und Strategie des Unternehmens. Semler selbst hat Mitspracherecht in diesem Organ.
> Der zweite Kreis besteht aus Leitern der Unternehmenseinheiten (Partnern).
> Im dritten Kreis haben alle Mitarbeitenden Mitspracherecht (Kollegen).

In jeder Unternehmenseinheit gibt es sechs bis zwölf Teams, aus fünf bis 20 Kollegen gebildet. Geführt werden sie von einem Teamleiter (Koordinator). Grundsätzlich ist jeder Mitarbeiter befugt, alle Entscheidungen, die seinen Arbeitsplatz betreffen, eigenständig zu fällen. Hat er Zweifel, tauscht er sich mit seinem Teamleiter aus. Auch dieser trifft autonome Entscheidungen über Fragen, die sein Team betreffen. Ist er unsicher, erörtert er die Fragen mit dem Leiter der Unternehmenseinheit. Offene Fragen sind Themen der wöchentlichen Teamleiterbesprechung.

Und Entscheidungen, die einheitsübergreifend sind, werden während der wöchentlichen Konferenzen gefällt.

BUURTZORG – SPITALEXTERNE PFLEGE
DURCH EIGENVERANTWORTLICHE PFLEGEFACHLEUTE

Der Niederländer Jos de Blok war mit seinem Job als mobiler Krankenpfleger unzufrieden. Zu viel Papierkram, zu wenig Zeit für seine Patienten und Reibungsverluste zwischen den Hierarchieebenen frustrierten ihn. Deshalb gründete er 2006 im Städtchen Almelo sein eigenes Unternehmen. Er entwickelte hierfür ein Modell, in dem Pflegefachleute die ungeteilte Verantwortung für ihre Patienten übernehmen. Dabei leisten die Fachkräfte nicht nur medizinische Unterstützung, sondern erbringen auch Hilfestellungen zur Alltagserleichterung ihrer Klienten. Zum Beispiel Waschen, Einkaufen oder auch mal ein Plauderstündchen bei einer Tasse Tee. Die Pflegefachleute teilen die Bezirke unter sich auf und funktionieren absolut autark. Und De Blok selbst arbeitet Teilzeit weiterhin als Pfleger.

750 selbstführende Teams bilden den Kern der Organisation. Bei Bedarf werden diese durch Coachs gestärkt. Im bescheidenen Backoffice ist ein vergleichsweise kleines Team tätig, das die Mitarbeiter an der Patientenfront unterstützt.

Der Stundenansatz von Buurtzorg ist höher als jener der herkömmlichen Pflegeorganisationen der Niederlande. Weil die Patienten intensiver betreut werden und deshalb doppelt so schnell aus der Pflege entlassen werden können, ist das System dennoch kostengünstiger, und zwar um nahezu 50 Prozent gegenüber den traditionellen Institutionen. Deshalb hat Ernst & Young dem Unternehmen gemäß Laloux auch die höchste Arbeitszufriedenheit des Landes attestiert. Das Buurtzorg-Modell macht Schule und ist mittlerweile auch in Schweden, Japan und den Vereinigten Staaten mit eigenen Teams etabliert. Heute beschäftigt das Unternehmen über 9000 Pflegefachpersonen in 750 Teams und erzielt einen Umsatz von 280 Millionen Euro.

Mir gefällt das Unkomplizierte und Informelle im Kontakt mit Jos de Blok. Frederic Laloux zitiert in seinem Werk *Reinventing Organizations* eine Pflegefachfrau, die den Geist von Buurtzorg treffend zum Ausdruck bringt: »Früher arbeiteten wir in einer großen Organisation und machten oft Witze über die Idioten in der Zentrale, die auf alle möglichen merkwürdigen Ideen kamen. Jetzt machen wir alles selbst und können uns über niemanden mehr beschweren.«

PATAGONIA

Als ehemalige leidenschaftliche Sportkletterin will ich unbedingt auch das Unternehmen Patagonia erwähnen. Yvon Chouinard stellte seine ersten Kletterhaken aus dem Schneideblatt eines alten Mähdreschers her. Mit seinen Freunden, ganz wilden Kerlen, testete er sein Produkt bei einer frühen Begehung des Lost-Arrow-Kamins und der Nordwand des Sentinel Rock im Yosemite. Dies sprach sich schnell herum, und bald schon wollten Chouinards Freunde seine Haken aus Chrom-Molybdän-Stahl. Bevor er sich versah, war er im Geschäft. Er konnte zwei Haken pro Stunde auf seinem Schrottplatz schmieden und verkaufte sie je für 1,50 Dollar. Heute ist die Firma einer der führenden Produzenten von Outdoor-Funktionsbekleidung mit dem ausdrücklichen Anliegen, eine positive Wirkung auf die Umwelt zu haben.

——— »UN-BOSS«: DIE IDENTITÄTSSTIFTENDE VISION

Ein anderer Ansatz ist die »Un-Boss«-Methode. Das klingt radikal, ist es aber nicht. Verfasst wurde sie von zwei Dänen: Lars Kolind war Chairman von Grundfos, dem weltgrößten Hersteller von Wasserpumpen. Jacob Bøtter half, die Firma Wemind A/S, eine dänische Consultingfirma, zu gründen.

Der Un-Boss ist eher Teil der Organisation, statt über ihr zu stehen. Er inspiriert andere mit leidenschaftlichem Eintreten für die Sache. Ein Un-Boss ist ein Teammitglied und braucht keine Statussymbole. Das bedeutet auch zuzugeben, dass man nicht allwissend ist. Un-Bosse sind effektiver, wenn sie koordinieren und Beziehungen aufbauen sowie Angestellte darin unterstützen, eigene Entscheidungen zu treffen, als wenn sie von oben herab Anweisungen geben würden.

In der Vergangenheit schauten Chefs vor allem darauf, Kosten zu sparen, um den Gewinn zu maximieren. Heute profitieren sie davon, dass ihre Angestellten innovativ sind und sein dürfen. Die neuen Vorgesetzten sind offen, dialogfähig und übernehmen Verantwortung. Und dies sowohl in sozialer wie auch ökologischer Hinsicht. Un-bossed-Unternehmen glauben, dass Win-win-Situationen nicht nur möglich sind, sondern notwendig.

Mit dem Un-Boss-Ansatz können auch rein profitorientierte Unternehmen zu wertezentrierten Institutionen umgepolt werden. Umsatz und Ertrag bleiben zwar für jede Privatfirma wichtig, aber erst eine klare Zweckbestimmung oder sinnzentrierte Vision schafft Beständigkeit. Basiert die Organisation auf einer sinnzentrierten Vision, mit der sich Mitarbeiter (und Kunden) identifizieren können, ändert sich der Charakter des Unternehmens. Es ist möglicherweise der Funke, der sich zu einer ganzen Bewegung entwickeln kann. Eine klare, sinnzentrierte Vision ist auf jeden Fall identitätsstiftend.

Der größte Unterschied zwischen einer traditionellen hierarchischen Struktur und einem Un-Boss-Gefüge liegt in der Motivation. In einer Un-Bossed-Firma arbeitet man, weil man an den Sinn dessen glaubt, was man tut. Der »Untergebene« wandelt sich zu einem Kollegen, dem man vertraut. Arbeiter und Angestellte haben sogar den Freiraum zu entscheiden, wo sie ihren Einsatz leisten – beispielsweise direkt beim Kunden oder bei Zulieferern. Allerdings müssen die Mitarbeiter lernen, diesen Freiraum sinnvoll zu nutzen. Aber ihre Vorgesetzten werden ihnen nicht mehr sagen, was sie zu tun haben.

—— VOM ORGANIGRAMM ZUR LEBENDIGEN STRUKTUR

Die meisten zukunftsorientierten Unternehmen haben ihre eigenen Experimente mit agilen Formen gemacht. Einer, der schon vor zehn Jahren an einem skalierbaren, replizierbaren Konzept getüftelt hat, ist Brian Robertson. Er entwickelte Holokratie Anfang 2000 auf der Suche nach einer intelligenten Organisationsform für seine Softwarefirma Ternary Inc. Basis seiner Entwicklung waren mehrjährige Trial-and-Error-Experimente.

Brian bietet ein Modell an, das sich als »Betriebssystem für Organisationen« versteht. Sein Ansatz ist, Unternehmen weiser, schneller und agiler zu machen, indem Strukturen helfen, die Intelligenz aller anzuzapfen und deren Potenzial auszuschöpfen. Das setzt voraus, dass Organisationen sich neu strukturieren. Es gibt keinen CEO mehr. Er hat die Macht in die ineinander verwobenen Kreise abgegeben (ich nenne Brian deswegen heimlich den »Herrn der Ringe«). Welchen Prinzipien folgt Holokratie?

VOM STRATEGISCHEN DENKEN ZUM DYNAMISCHEN LENKEN

An die Stelle von Vorhersage, Kontrolle und impliziertem Misstrauen treten die kybernetische Vorstellung dynamisch fließender Prozesse und das Vertrauen in die vielfältigen Intelligenzen des Systems. Dynamische Steuerung verlangt, aufmerksam zu sein für das, was sich in der täglichen Arbeit zeigt. Zu agieren, sobald neue Informationen dies erfordern, und sich an der im Moment bestmöglichen Machbarkeit statt an der perfekten Lösung zu orientieren.

SELBSTORGANISATION ENTSTEHT NICHT VON ALLEIN

Eines der spektakulärsten Beispiele, die Holokratie umgesetzt haben, ist Zappos.com. Der größte Online-Schuhhändler der USA, der 2009 für 1,2 Milliarden Dollar von Amazon übernommen wurde, gilt als Paradebeispiel für das Potenzial des neuen Denkens im Management. Mit seinen 1500 Mitarbeitern zelebriert Tony Hsieh seine zehn »Zappos Familiy Core Values«, wie »Deliver Wow through Services«; »Pursue Growth and Learning« und »Build a positive team and familiy Spirit«. Tony Hsieh hat dazu ein Buch geschrieben: »Delivering Happiness«. Er hat »Purpose« zum Zentrum ihres Handelns und Tuns erklärt. Mit großem Erfolg: Zappos wurde mehrfach als eines der »Fortune 100 Best Companies to work for« ausgezeichnet. Hsieh hat in einem engagierten Transformationsprozess Holokratie eingeführt und eine enorm starke Firmenkultur entwickelt, wofür die Mitarbeiter einstehen. Ich hätte gern diesen Firmengeist eingeatmet.

VOM EGO ZUM WIR

Der Einzelne wird weder als isoliertes Individuum noch als anonymer Teil eines Kollektivs betrachtet, sondern als eigenständiger und für einen festgelegten Bereich eigenverantwortlicher Teil eines größeren Ganzen. Es geht also nicht darum, Einzelinteressen durchzusetzen, sondern die beste Lösung für das übergeordnete Ganze zu finden. Die Mitarbeiter orientieren sich immer am übergeordneten Sinn und Zweck der Organisation.

VOM LEITWOLF ZUR INTEGRALEN FÜHRUNG

An die Stelle vertikaler Verdienst- und Positionshierarchien treten ineinander verschachtelte Kompetenzhierarchien. Rollen werden situativ nach Fähigkeiten für konkrete Aufgaben vergeben, sie sind inhaltlich definiert und nicht statusbezogen.

Wo nicht Positionen besetzt, sondern Rollen bedarfsbezogen vergeben werden, verteilen sich Führungsaufgaben auf mehrere wechselnde Schultern. Bei Holokratie heißt Führung: dafür sorgen, dass die kollektive Intelligenz des Systems sich zum Wohle des Ganzen entfalten kann.

Eine evolutionäre Organisationsstruktur ist hoch adaptiv und entfaltet sich kontinuierlich. Sie passt sich sowohl den makroökonomischen Realitäten wie auch dem unmittelbaren Unternehmensumfeld ausgesprochen wendig an. Es gibt zwar noch Führung und Management, aber nicht mehr auf eine einzelne Person konzentriert – am Ende hat jeder eine Führungsrolle.

TRADITIONELLE FIRMEN	MIT HOLOKRATIE
Jobbeschreibungen: Jeder hat seine eindeutige Aufgabe, die Jobbeschreibungen werden selbst aktualisiert und sind oft irrelevant, was die tatsächliche Arbeit angeht.	**Rollen:** Rollen werden anhand der Arbeit bestimmt, die gemacht werden muss, und werden ständig aktualisiert. Mitarbeiter können mehrere Rollen haben.
Delegierte Autorität: Manager verzichten selten auf ihre Autorität, und am Ende treffen sie die Entscheidung selbst.	**Verteilte Autorität:** Autorität wird innerhalb von Teams und Rollen verteilt. Entscheidungen werden dort getroffen, wo sie diskutiert werden.
Große Re-Organisationen: Organisationsstrukturen werden selten geändert, und wenn, dann per Order von oben.	**Schnelle Änderungen:** Strukturen können sich schnell ändern, je nachdem, wie und ob Prozesse es erfordern. Teams geben sich eigene Organisations-formen.
Geheimniskrämerei und Machtspiele: Beides verlangsamt Prozesse und bevorzugt jene, die das mitmachen.	**Transparente Regeln:** Für jeden gelten die gleichen Regeln, auch für den CEO. Alle Regeln sind für jeden einsehbar.

Abteilungen und Funktionsträger haben in einer holokratischen Organisation ausgedient. Die neuen flexiblen Strukturen bewegen sich auf zirkulären Bahnen. »Diese Zirkel formieren sich nach sachlichen Kriterien. Sie arbeiten selbstorganisiert und selbstverantwortlich«, sagt Christiane Schneider, Deutschlands erste lizenzierte Holokratie-Trainerin, in einem Interview mit *ManagerSeminare* (Gloger 2013).

Holokratie hat weder mit Anarchie noch mit organisiertem Chaos zu tun. Aufgaben werden Individuen und Teams unmissverständlich zugeordnet. Allerdings gibt es dabei keine Anweisungen durch Einzelpersonen. Die Aufträge und Pflichten werden in Zirkeln gemeinschaftlich festgelegt. Und sie werden nach festen Regeln und vorgegebenen Prozessen wahrgenommen, wo Produktives entsteht.

Die integrative Entscheidungsfindung folgt einem genau definierten Verfahren. In den einzelnen Zirkeln finden regelmäßig Sitzungen in drei verschiedenen Formaten mit einem jeweils gegebenen Ablauf statt. Erstens gibt es Strategie-Meetings, bei denen man sich über kollektive Verhaltensweisen zur Erreichung ihrer Zielsetzungen einigt. Zweitens werden operative Meetings durchgeführt, in denen die Koordination und Synchronisation der Aufgaben festgelegt werden. An dritter Stelle erfolgen Governance-Meetings. Dabei geht es um Ordnungsrahmen für die Leitung und Überwachung des Unternehmens. Dazu gehören beispielsweise relevante Vorschriften, Richtlinien, Kodizes oder Absichtserklärungen. Auch ganz pragmatische Fragen werden dabei erörtert: Ist es sinnvoll und notwendig, die Rolle von Kollegen aus dem Zirkel mit zusätzlichen Verantwortlichkeiten auszuweiten? Oder: Soll aus einem Zirkel ein Subzirkel für spezifische Fachaufgaben konstituiert werden?

Die Kreise oder Zirkel sind keine isolierten Gebilde, sondern doppelt vernetzte Einheiten. Jeder Zirkel hat sowohl eine »Lead-Link-Funktion« wie auch eine »Representative-Link-Funktion«. Dabei bringen sich jeweils verschiedene Personen in zwei verschiedenen Zirkeln ein. Wer den »Lead-Link« innehat, sorgt für die nachhaltige Verbesserung der Ergebnisse des Zirkels. Und der für den »Representative-Link« zuständige Mitarbeiter gibt den anderen Einheiten ein klares Leistungsbild seines Zirkels. Durch die Doppelverlinkung eines jeden Zirkels mit seinem übergeordneten Zirkel entsteht eine Einheit, durch die sich das Unternehmen als Ganzes gewissermaßen automatisch steuert.

Damit dürfte auch klar sein, dass nach wie vor bestimmte Funktionen der klassischen Hierarchie existieren.

Nun gibt es zu jedem Konzept auch Gegenstimmen und -argumente. Ich wollte es wissen und reiste im November 2015 für ein paar Tage nach Wien. Bei jeder Frage, die ich stellte, war Brian Robertson sehr klar in seinen Aussagen:

»Ein Missverständnis ist, dass wichtige Managementfunktionen einfach über Bord geworfen werden. Das ist nicht richtig. Die Funktionen, auch einer hierarchischen Managementstruktur, werden nach wie vor erfüllt. Wir gehen nur einen anderen Weg. Sie müssen immer noch Leute einstellen und rauswerfen. Das Gleiche gilt für Strategie und Verantwortung. Das bleibt. Sie bekommen ihre Kontrolle, aber eben nur, wenn das notwendig ist.«

Das Gleiche gilt für das Vorurteil, holokratische Organisationen hätten keine Struktur. Das Gegenteil ist der Fall. »Holokratie ist wirklich ein Ersatz. Es hat sogar mehr Strukturen, nicht weniger als eine traditionelle Hierarchie. Wir gehen diese Struktur nur anders an, und es ist eine andere Art der Struktur. So wie der menschliche Körper – auch wenn komplex – nicht ohne Struktur ist, ist das auch jede Managementhierarchie. Unsere ist mehr dynamisch«, sagt Robertson.

»Oft wird von einem konsensbasierten System gesprochen. Das ist ein Missverständnis. Wir benutzen eigentlich nichts, was auch nur annähernd konsensbasiert ist. Wir haben einen verteilten Prozess – wie in einer Nachbarschaft. Ich frage auch nicht meine Nachbarn, wenn ich mein Haus umdekorieren möchte. Ich suche da keinen Konsens in der Nachbarschaft. Ich weiß aber auch: Wenn es meine Nachbarn in irgendeiner Form betrifft, dann muss ich mit ihnen darüber sprechen.

Regeln spielen dabei eine wichtige Rolle. Holokratie hat eine Verfassung. Diese ist das Regelbuch. Das ist wie beim Sport. Da gibt es Regeln. Wir gehen davon aus, dass die Spieler sie befolgen. Beim Fußball wäre es ja auch etwas merkwürdig, wenn jemand den Ball einfach in die Hand nimmt und ins Tor rennt.«

—— WER IST BEREIT FÜR DIE VERÄNDERUNG?

Voraussetzung für ein erfolgreiches Veränderungsmanagement in Richtung evolutionäre Organisation ist ein Paradigmenwechsel auf der Führungsetage. Nur wenn das Topmanagement die Spielregeln eines evolutionären Organisationsgeschehens verinnerlicht hat und konsequent danach lebt, hat die Umgestaltung reelle Erfolgsaussichten. Zu diesem Evolutionsprozess gehört auch die Courage, neue Strukturen, Kulturen, Methoden und Verfahren zu etablieren, die ein Arbeiten nach evolutionären Gesichtspunkten begünstigen. Und mindestens ebenso wichtig: Die Geschäftsleitung schafft die notwendigen Rahmenbedingungen, unter denen die Mitarbeiter eigenständige Entscheidungen treffen können. »Ihre Mitarbeiter werden Sie schon ermahnen, wenn Sie eigenmächtige Entscheidungen fällen – das wird nämlich nicht mehr ohne Weiteres möglich sein. Diesen Gedanken sollten Sie mögen, wenn Sie eine evolutionäre Organisation schaffen wollen«, schreibt Laloux in *Reinventing Organizations*. Sind diese Voraussetzungen erfüllt, stellt sich das Phänomen der organisatorischen Selbstregulierung von selbst ein. Viel mehr Aufgaben als diese hat die Geschäftsleitung nicht.

Noch etwas: Die Zeiten, in denen sich der Direktor mit seiner dicken Zigarre hinter einem Mahagoni-Schreibtisch versteckte, sind definitiv vorbei. Vor (oder hinter) jeder erfolgreichen Firma steht heute ein Vorkämpfer, der dem Unternehmen ein menschliches Gesicht gibt, das von der Öffentlichkeit wahrgenommen wird und auf die Anspruchsgruppen vertrauensbildend wirkt. Damit wird der Widerspruch zwischen Schein und Realität aufgelöst.

Brian Robertson erklärte mir das während der fünf Tage, die ich mit ihm verbrachte, so: »Zunächst einmal ist das eine große Veränderung. Die Firma muss wirklich bereit sein für so etwas. Nicht perfekt, das ist niemand. Es gibt auch keinen perfekten Zeitpunkt für solch radikale Änderungen. Aber man muss selbst dazu bereit sein. Und es braucht Commitment, vor allem von oben. Es bedarf Mitarbeiter und Chefs, die bereit sind, wieder zurück auf Start zu gehen, neue Wege einzuschlagen und neu zu lernen, wie man führt. Es braucht Führungskräfte, die sich darüber bewusst sind, was es bedeutet, auch selbst reorganisiert zu werden.

Oft erlebe ich in Firmen, in denen ich mit Holokratie arbeite, Folgendes: Der Boss springt auf und gibt Anweisungen. Und dann sage ich: Moment, bitte denke daran, dass du diese Autorität nicht mehr hast. Du hast keine Autorität, dieser Person zu sagen, was sie machen soll. Du musst durch den gleichen Prozess gehen wie alle.«

Das ändert sich aber, wenn diese Machtstrukturen – aus welchen Gründen auch immer – plötzlich wegfallen. Das System reagiert sofort. Sobald es zu den ersten Entscheidungssituationen kommt, bildet sich ein neues Machtsystem heraus. Das läuft ungefähr folgendermaßen ab: Jene, die besser argumentieren, schlagfertiger reagieren, weniger konfliktscheu oder einfach nur sturer sind als die anderen, werden sich wahrscheinlich durchsetzen. Und mit jedem Mal, bei dem sie sich durchsetzen, orientieren sich die anderen bei der nächsten Entscheidung stärker an ihnen, womit sie sukzessive an Macht gewinnen. Letztlich setzt sich in einem solchen Vakuum das Recht des Stärkeren durch. Das System befindet sich erneut im Gleichgewicht, in dem die Machtinhaber wieder die ursprüngliche Distanz aufgebaut haben. Auch wenn die strukturelle Macht Prozesse behindert, darf sie nicht einfach entfernt werden. Sie muss hingegen verändert werden.

Eine Möglichkeit ist, die Struktur oder Hierarchie durch Informationshoheit oder Wissenskompetenz zu ersetzen. Macht hat derjenige, der am meisten über ein Projekt weiß. Der kompetenteste Fachmann leitet ein Team. Ein anderer Ansatz ist Expertenwissen. Der Experte besticht ebenfalls durch Kompetenz und Wissen, er ist aber eher methodischer Experte im Führen von Teams. Seine Macht ist ebenfalls nicht strukturell basiert, sondern in der Anerkennung seiner Kompetenz durch sein Team. Und schließlich gibt es noch die Identifikationsmacht. Hier setzt sich der Teamleiter durch seine Fähigkeit von anderen ab, Teammitglieder zu motivieren, zu integrieren und ein Gefühl der Verbundenheit zu schaffen. Er schaut über den Horizont hinaus, sieht das *Big Picture*, versteht die Mission des Unternehmens. Alle drei Führungsformen schließen sich nicht aus. Organisationsexperten glauben: Je mehr solche Formen strukturelle Macht ablösen, umso stabiler bleibt das System. Theoretisch kann ein solches System irgendwann ohne strukturelle Macht existieren. In der Praxis scheint dies aber umstritten. Manchmal braucht es diese Strukturen auch nur, um nach außen hin Partner nicht zu verunsichern. Der CEO zum Beispiel kann nach außen hin als solcher auftreten, innerhalb aber durchaus Projekten zugeordnet sein – je nachdem, welche Kompetenzen er hat.

—— DIE SUCHE NACH SINNHAFTIGKEIT

Es gäbe noch von einigen Beispielen zu berichten. Und so unterschiedlich all diese Firmen sind, so haben sie etwas Wichtiges gemeinsam. Etwas, das meines Erachtens zum Wichtigsten zählt: das echte, tiefe und authentische Anliegen einer Firma. Das, was man als Firmengeist bezeichnet. Man kann es auch Kern nennen. Als ich fünf Tage bei Brian in Wien war, konnte ich diesen Geist förmlich spüren. Ich saß mit circa 50 Menschen in einem Kreis, direkt neben Brian. Das war nicht irgendein brillanter Kerl mit einem brillanten Konzept. Da fand in meiner Gegenwart etwas statt, das ich nicht benennen konnte. Aber ich spürte, es war etwas Wichtiges, Wertvolles. Etwas, das es meines Erachtens so sehr braucht. Später kam mir irgendwann die Eingebung: So muss Woodstock gewesen sein. Und ich benenne das, was ich spürte, kühn als *Movement*. All diese Menschen, die ich getroffen habe, alle Unternehmer, mit denen ich gesprochen habe, scheinen getrieben zu sein von etwas, das nicht einfach Profit, sondern *Purpose* beinhaltet. Dabei schließt das eine das andere nicht aus. Im Kreis dieser Menschen war ich plötzlich sehr bewegt, weil er eine Qualität und Authentizität hatte, die eine enorme Kraft ausstrahlte. Das gibt mir die Hoffnung, dass wir nun in einer Zeit mit Menschen sind, die den unerschütterlichen Optimismus haben, die Welt dorthin zu lenken, wo wir den heilsamen Wandel hervorbringen können, den wir so dringend brauchen. Vielleicht mag das etwas seltsam anmuten. Aber genau diese innere Kraft kann Berge versetzen.

All diese Organisationen basieren auf einem echten Handlungsmotiv. Einem *Purpose*. Simon Sinek hat ein Buch darüber geschrieben, wie inspirierende Firmen mit diesem *Why* in ihren *Mission Statements* beginnen. Ich beobachte immer mehr Entrepreneure und Start-ups, die sich diesem *Why* anschließen.

»IMMER MEHR MENSCHEN VERFÜGEN HEUTE ÜBER DIE MITTEL ZUM LEBEN, ABER ÜBER KEINEN SINN, FÜR DEN SIE LEBEN.«
— VIKTOR E. FRANKL

Ich bin der tiefen Überzeugung, dass diese innere Kraft so attraktiv ist, dass sie Menschen anzieht. Nicht das Schlechteste in einer Multi-Optionsgesellschaft, in der wir Talente fast nicht mehr in die Firmen bringen. Dieser *Purpose* kann nicht einfach aus dem Ärmel geschüttelt werden oder springt hinter der Tür hervor und schreit: Hallo, ich bin dein *Purpose*. Wie ein Goldnugget muss er mit Aufmerksamkeit und Engagement evaluiert werden. Nach Laloux müsste dieser *Purpose*, dieser Sinn, zuerst angesprochen werden, bevor eine Organisation überhaupt in die evolutionäre Form transformiert. Wenn der Sinn nicht inspiriert, dann ist er kein Sinn. Aber wenn, dann setzt das ungeheure Kräfte frei und hat eine starke Anziehungskraft.

Diese Bewegung fasziniert mich übrigens so sehr, dass ich mich entschlossen habe, meine ganze Tätigkeit darauf zu konzentrieren, Organisationen und Persönlichkeiten im Goldwaschen zu unterstützen.

—— JENSEITS DER LEITBILDER

Einzig tragfähige Strukturen, die alle Mitarbeiter miteinbeziehen, können die zukunftsfähige Basis des erfolgreichen Unternehmens bilden. Planung muss der erhöhten Beweglichkeit Raum lassen, die durch die Umsetzung des partizipativen Modells entsteht. Planung muss auch selbst beweglich werden. Sie darf sich etwa nicht länger allein auf den wahrscheinlichsten Fall einstellen. Denn »es ist wahrscheinlich, dass sich vieles gegen die Wahrscheinlichkeit abspielt«, wie schon Aristoteles gesagt hat.

Evolutionäre Organisationen werden nicht von heute auf morgen geschaffen. Sie entstehen nicht einfach von selbst, durch Selbstorganisation, wenn man die Führung auflöst.

Die Organisation der Zukunft wird ihre funktionalen Aufgaben vor allem durch die Identifikation mit dem Unternehmen erfüllen müssen. Dabei geht es aber nicht nur um die Sichtbarmachung von Marken nach innen und außen – Branding allein reicht nicht aus. Vielmehr geht es darum, einen Raum zu erzeugen, der die Unternehmenskultur widerspiegelt und trägt, Begeisterung erzeugt und Innovationskraft fördert. Es geht nicht um oberflächliche Gestaltung als Zierde, sondern um ein tief greifendes Verständnis für das Beziehungs- und Handlungsgeflecht eines Unternehmens.

Viele der erwähnten Beispiele weisen darauf hin, dass die spektakulären Ergebnisse zukunftsweisender Organisationen auf zwei Prinzipien beruhen:

> Mehr Tempo durch Verbreiterung der Machtbasis:
  Das Prinzip agiler Strukturen schafft nicht nur enorm hohe Motivation, sondern eben auch Tempo und Effizienz:
  – *durch evolutionäres Lernen*
  Der evolutionäre Prozess ermöglicht unmittelbare Erfahrung und sofortige Anpassung. Lernen ist nicht nur ein Prozess zur Verbesserung von Fertigkeiten, sondern auch ein Prozess der inneren Entwicklung und des persönlichen Wachstums.
  – *durch diversifizierte Entscheidungsfindung*
  In herkömmlichen Organisationen gibt es an der Spitze einen Engpass bei der Entscheidungsfindung. In agilen Strukturen evolutionärer Organisationen werden ständig überall Tausende von Entscheidungen getroffen.
  – *durch rechtzeitige Entscheidungsfindung*
  Um es mit einem Gleichnis zu sagen: Wenn ein Fischer einen Fisch an einem bestimmten Platz aufgespürt hat und wartet, bis sein Chef ihm die Erlaubnis gibt, den Fisch zu fangen, dann ist der Fisch schon längst weitergeschwommen.

MEHR KLARHEIT DURCH SINN DER ORGANISATION

Die Energien der einzelnen Menschen werden enorm gesteigert, wenn sie sich mit einem Sinn verbinden, der größer ist als sie selbst. Das ist übrigens eine allgemeine Eigenschaft des Sinns: Er führt uns immer über uns selbst hinaus. Das Leitbild zum Beispiel ist eine schriftliche Mitteilung. In anderen Ländern singt man es wenigstens gemeinsam am Morgen. Aber bei uns ist das ein Text, ein Plakat, etwas zum Lesen und Auswendiglernen. Wer kann denn das noch? Deshalb sind Leitbilder so schnell vergessen.

Leitbilder formen etwas, eine Leistung, das, was die Unternehmensmaschine produzieren soll. Die Maschine sind die Mitarbeiter. Sie werden vom Leitbild alle gleich behandelt. Auch deshalb sind Leitbilder schnell vergessen.

Und schließlich orientieren sich alle Leitbilder an denselben Werten, was sie kaum noch unterscheidbar macht. In evolutionären Organisationen geht es nicht darum, den Zusammenhalt durch ein gemeinsames Leistungsziel zu erzeugen. In evolutionären Organisationen geht es darum, was wir sind – zusammen in diesem Unternehmen; und darum, was wir dadurch gemeinsam ausstrahlen können in die Welt – weil das der Sinn unserer Zusammenarbeit ist.

03

— **DIE NEUE WORKFORCE**

»DIE GROSSEN ERRUNGENSCHAFTEN IM 21. JAHRHUNDERT WERDEN NICHT DURCH DIE TECHNOLOGIE GESCHAFFEN, SONDERN DURCH DAS ERWEITERTE VERSTÄNDNIS UNSERES MENSCHSEINS.«

— JOHN NAISBITT

—— EINE NEUE GENERATION VON ARBEITSKRÄFTEN

»Der Weltraum, unendliche Weiten. Wir schreiben das Jahr 2200. Dies sind die Abenteuer des Raumschiffs Enterprise, das mit seiner 400 Mann starken Besatzung fünf Jahre unterwegs ist, um fremde Galaxien zu erforschen, neues Leben und neue Zivilisationen. Viele Lichtjahre von der Erde entfernt dringt die Enterprise in Galaxien vor, die nie ein Mensch zuvor gesehen hat.« Mit diesen Worten beginnt jeder Star Trek.

»SPACE, THE FINAL FRONTIER«

Welche Abenteuer die Crew wohl diesmal zu bestehen haben wird? Wir sind gespannt, wir kennen uns längst aus in dieser Welt, die einmal Fiktion war. Wir sind gespannt und wissen im Grunde doch schon jetzt, dass es gelingen wird. Und die Crew ist es, die trotz aller Technik den Erfolg ausmacht. Denn: Man hat aus allen Galaxien diejenigen ausgesucht, die sich in der komplexen Diversität des Universums am besten zurechtfinden. Den Klingonen Worf, weil der die Gebräuche der Feinde am besten kennt; Dr. Spock, der die besonnene und rationale Denkweise der Vulkanier beherrscht; und Nog, einen Ferengi, der weiß, wie man intergalaktischen Handel betreibt. Und viele weitere, die sich auszeichnen, unerforschte Phänomene zu erkunden.

Sehr bald werden fünf Generationen auf dem Arbeitsmarkt sein: von den Traditionalisten (vor 1946 geboren) über die Babyboomer (1946–1964) und die Generation X (1965–1980) bis zu den Millennials (1981–2000) und zur Generation 2020 (alle später Geborenen). Meister und Willyard beschreiben in ihrem Buch *The 2020 Workplace*, dass bis 2020 die meisten Büros nicht mehr im Hauptquartier des Unternehmens sind, sondern dort, wo die Mitarbeiter sind. Das kann in einem *Co-Working Place* in Yangon sein, einer Loft in Brooklyn oder in einem Coffeeshop in Nairobi. Und diese Mitarbeiter suchen sich ihre Jobs aus, und zwar nur solche, die ihnen über das Gehalt hinaus einen Mehrwert bringen. Denn sie verstehen die Arbeit als Teil ihres Lebenssinns.

In den USA werden bis 2020 wesentlich mehr Menschen arbeiten, die 55 Jahre und älter sind, mehr Latinos und mehr Frauen. Alter, Geschlecht und Herkunft werden keine bestimmenden Faktoren mehr sein im Kampf um Arbeitsplätze und Mitarbeiter. Die Entwicklung der Geburtenraten verrät, wie sich das Angebot asiatischer, afrikanischer und europäischer Mitarbeiter quantitativ verschieben wird. Die Zuwanderung junger Arbeitskräfte aus anderen Kontinenten könnte schon bald sprunghaft an wirtschaftlicher Bedeutung gewinnen.

Weil wir immer mehr Technologie einsetzen werden, von neuen Produktionsrobotern bis hin zu selbstfahrenden LKW-Flotten, braucht es neue wissensbasierte Arbeitnehmer. Sie müssen strategisch denken, Probleme lösen, multikulturell denken und arbeiten können. Sie müssen intensiv mit anderen kollaborieren und auch wesentlich vielschichtiger kommunizieren können.

Wer sich die Top-500-Liste der weltweit größten Firmen einmal anschaut, wird feststellen, dass viele bereits in China, Russland,

Indien und Brasilien zu finden sind. Diese Länder könnten sogar bald schon an die Spitze kommen. Das bedeutet das Entstehen von neuen Märkten, aber auch Arbeitskräften und Arbeitsorten. Der Druck, virtuelle Arbeitsplätze einzurichten, wird immer größer.

Und schließlich werden Daten die neuen Güter werden. Die Millennials sind die erste Generation, die mit Mobiltelefon und Internet aufgewachsen ist. Daten sind für sie schon fast ein Teil ihrer DNS. Sie sind extrem vernetzt. Soziale Netzwerke sind eine zweite Dimension ihres Lebens. Sie tauschen sich aus, schaffen und fordern Transparenz, bilden in Windeseile gigantische, weltumfassende Interessengruppen, um auf Missstände in Unternehmen oder der Gesellschaft aufmerksam zu machen (und verlassen diese ebenso schnell wieder). Im Laufe ihres Arbeitslebens werden auch die Millennials Karriere machen und bald Unternehmensführer sein. »Sie werden im Laufe ihres Arbeitslebens eine Art *Decoder* für uns sein, mit dem wir die Zukunft des Business verstehen können, wie es nach der Revolution aussieht«, sagen Jamie Notter und Maddie Grant in ihrem Buch *When Millennials Take Over*.

Ich möchte im Folgenden versuchen darzulegen, wie diese neue Generation der Arbeitskräfte »tickt«, welche Bedürfnisse sie hat und wie Sie diesen entsprechen können. Vor allem aber, dass Sie und Ihr Unternehmen immens profitieren, wenn Sie Talente und Wissen dieses weltweiten Arbeitsmarktes für sich nutzen. Der Erfolg zukünftiger Führungspersönlichkeiten wird wesentlich davon abhängen, ob sie die dynamische Entwicklung der multikulturellen, multigenerationalen und mobilen Workforce rechtzeitig erkennen. Und vor allem, ob sie die soziale und emotionale Kompetenz haben, mit Diversität umzugehen, ihre Teams in Schwung zu bringen und das ganze Potenzial der Mitarbeitenden zu entfalten. Das ist für mich der Kern. Das ist Wir-Intelligenz.

COMPLEXITY MISMATCH UND DAS GESETZ DER ERFORDERLICHEN VARIABILITÄT

Matthias Horx hat in seiner Publikation *Zukunft wagen* Modelle und Methoden entwickelt, um die Zukunftstauglichkeit von Organisationen zu ermitteln. Wie krisenanfällig sind diese und was hätte eine Krise zur Folge?

In zahlreichen Fällen gehen Krisen in komplexen Systemen auf einen *Complexity Mismatch* zurück. Übersetzt bedeutet das etwa Fehlanpassung an Komplexität, im Fremdwort Komplexitätsdissonanz. Wenn zum Beispiel ein System das andere regelt – wie die Software die Hardware oder die Regierung das Volk –, müssen beide Systeme etwa denselben Grad an Komplexität aufweisen. Sonst kommt das Gesamtsystem ins Wackeln.

Tatsächlich kommt Komplexitätsdissonanz in vielen bedeutenden Krisen zum Ausdruck. So war das Management des Atommeilers von Fukushima von der Tsunami-Katastrophe überfordert. Die Kommandostruktur zerbrach nicht allein an der Höhe der Welle, sondern auch an den restriktiven japanischen Kommunikationsgewohnheiten.

Ein einzelner Manager im Elfenbeinturm wäre mit der Aufhebung des *Complexity Mismatch* hoffnungslos überfordert. Anzustreben ist deshalb eine Managementpluralität im Sinne einer Vernetzung unterschiedlicher Weltbilder, Wert- und Geisteshaltungen. Mit anderen Worten: ein produktionswirksamer Talentverbund. Der dringende Appell, auf Vielfalt im Management hinzusteuern, verdeutlicht einen grundlegenden systemischen Anspruch an komplexe Organisationen in komplexen Umwelten.

Umgekehrt beschreibt das Gesetz der erforderlichen Variabilität den Grad an Robustheit, den ein Unternehmen aufweist. Wie steht es mit der inneren Vielfalt des Systems, sodass auch im Überraschungsfall vielfältige Reaktionsmöglichkeiten verfügbar sind?

Wie kam es zur Globalisierung der Workforce? Den Anfang bilde-ten Freihandelsabkommen und wirtschaftliche Zusammenschlüs-se. Die WTO bemüht sich mit wechselndem Erfolg um die Einfüh-rung allgemeiner Standards. Aber die Folgen sprechen für sich: Weltweit hat eine Arbeitsmigration eingesetzt, die alle Schichten umfasst. Unqualifizierte und Hochqualifizierte wechseln gleicher-maßen leichter denn je den Arbeitsort. Insgesamt ist abzusehen, dass Globalisierung auch die sozialen Differenzen zwischen den verschiedenen Weltregionen einebnen wird. Die treibende Kraft hinter der Globalisierung der Workforce ist das einfache sozio-phy-sikalische Gesetz, dass jeder dahin geht, wo er sich die besten Chancen ausrechnet. Und das wird insgesamt immer leichter möglich. Aber selbstverständlich ist zu wünschen, dass es für alle möglich wird.

NEU AUF DIE PROBE GESTELLT:
DIE KOHÄRENZ DER WORKFORCE

Die Studie *Engaging and Integrating a Global Workforce* der SHRM Foundation beschreibt den Arbeitsmarkt heute so: »Eine älter wer-dende, ethnisch und geschlechtlich vielfältigere Erwerbsbevölke-rung, immer enger vernetzt, ist schon heute Standard. Die ethni-sche oder geografische Herkunft spielt keine Rolle mehr, vor allem vor dem Hintergrund, dass Entwicklungsländer schon heute her-vorragend qualifizierte Arbeitskräfte hervorbringen. Von wo man arbeitet, ist heute nicht mehr wichtig, solange man mit seinen Kollegen kommunizieren kann, über nationale Grenzen und Zeit-zonen hinweg. Stärkere Vernetzung heißt, dass Angestellte mehr und öfter Arbeitsort und -platz wechseln.«

MULTIKOMPLEX: MEIN UNSICHTBARES TEAM

Internationale Handelsabkommen und damit verbundene Erleichterungen, in anderen Ländern Geschäfte zu machen, haben die Globalisierung nicht nur für große, sondern auch mittelständische Unternehmen enorm vorangetrieben. Multinationale Konzerne heißen auch deshalb so, weil sie große Teile der Produktion, zunehmend aber auch der Entwicklung aus ihren Hauptquartieren ausgelagert haben. Viele beschäftigen mehr Leute außerhalb des Landes als in demjenigen, in dem die Firma ihren Hauptsitz hat.

Insgesamt wird die Erwerbsbevölkerung immer älter, in westlichen Ländern werden die Jüngeren aber immer weniger, was zu Arbeitskräftemangel führt. Immer mehr gut ausgebildete Frauen werden Jobs suchen, und Ländergrenzen werden zunehmend verschwinden. Unternehmen müssen auf eine ältere, weiblichere und multi-ethnische Workforce vorbereitet sein. Das Gute: Immer besser ausgebildete Fachkräfte werden die Produktivität erhöhen, und bald wird es zwischen OECD- und Nicht-OECD-Ländern keinen Unterschied mehr geben in der Zahl dieser Qualifizierten.

Immer mehr Personen wandern ins Ausland ab, um dort bessere Berufsaussichten und höhere Löhne zu bekommen. Aber wo man sich aufhält, spielt dann auch schon nicht mehr die große Rolle. Ich habe sechs Leute im engeren Team. Sie sitzen im Norden und Süden Europas, in einem Kaff im Wilden Westen der Vereinigten Staaten, in Indonesien und Thailand oder ziehen in Südamerika herum. Es sind top ausgebildete Leute und tolle Menschen dazu! Ich habe sie noch nie live gesehen.

DIGITAL: ROBOTER ALS MITARBEITER

IBMs Supercomputer Watson kann Lungenkrebs mit 90-prozentiger Genauigkeit erkennen. Ärzte können das nicht.

Wenn Sie eine Kreuzfahrt mit der *Royal Caribbean's Quantum of the Seas* machen und sich einen Drink bestellen wollen, dann können Sie das tun: bei zwei Robotern. Die mixen Ihnen den Drink aus einem Repertoire von 300 Cocktails und geben Ihnen Trinkempfehlungen. Nur auf den netten Small Talk müssen Sie verzichten.

Ein Japaner hat sich aus dem Fenster gestürzt, als sein geliebter Roboter kaputtgegangen war. Ich stelle mir den vor wie den Roboter Buddy, den Sie bald kaufen können: Er weckt Sie morgens liebevoll, gibt Ihnen am Bett die Wetterprognosen durch, und während Sie sich den Schlaf aus den Augen reiben, präsentiert er Ihnen Ihre Agenda. Er winkt, wenn Sie zur Tür hinausgehen. Buddy wird auch den Herd abstellen, wenn Sie ihn anrufen und sagen, dass Sie das vergessen haben. Und Buddy2.0 wird das schon selber merken.

Intelligente Maschinen sind bereits bessere Schachspieler, bessere Arbeiter und bessere Autofahrer als Menschen. Sie sind unsere Werkzeuge, unsere Mitarbeiter und unsere Partner. Sie arbeiten 24 Stunden am Tag, machen keine Fehler und reklamieren nicht. Es wird ihnen nicht langweilig, und sie haben keine Bauchschmerzen. Und doch kommt mir *Odyssee 2001 im Weltraum* in den Sinn: die Dialoge zwischen Bordcomputer HAL und der menschlichen Crew. Selbst hoch qualifizierte Technokraten fragen sich heute besorgt: Werden Roboter auch unsere Bosse?

Aber selbst bei seiner ungeheuren Leistungsfähigkeit und Nützlichkeit braucht Watson immer noch einen Arzt, der mit dem Patienten die Therapie bespricht. Der Jurist diskutiert mit dem Klienten die Strategie, und wer abends an die Hotelbar geht, will doch lieber mit einem Menschen anstatt einem Roboter hinter der Theke plaudern.

Zudem sind es Menschen, die Gedichte schreiben, Sinfonien komponieren, geniale Geschäftsideen haben, atemberaubende Bilder malen und bezaubernde Gärten anlegen. Es sind Menschen, die uns trösten, ermutigen, coachen, führen, uns anfeuern oder einfach sagen, wie großartig wir sind und noch werden könnten.

Emotionale und soziale Kompetenzen werden daher wertvoller denn je – und die lernen wir nicht im BWL-Studium. Sie sind knappe Ressourcen. Höchste Zeit, diese ganz konkret zu fördern: nämlich indem wir über den Menschen lernen und über uns selbst.

»EINE NEUE ZIELGRUPPE IST DIE INTELLIGENTE MASCHINE.«
— DIETMAR DAHMEN AM ALPENSYMPOSIUM INTERLAKEN 2016

ROBOTER IN CHINA

China verdankt seinen Aufstieg als Wirtschaftsmacht vor allem der Tatsache, dass es ein billiger Produktionsstandort ist. Die halbe Welt lässt in China billig produzieren, um die fertigen Produkte teuer zu verkaufen. Doch damit könnte es bald vorbei sein. »In China steigen die Löhne«, ist eigentlich eine Binsenweisheit, denn irgendwann musste es so kommen.

Der Ausweg für China: Roboter. Die streiken nicht, zumindest nicht für höhere Löhne.

Nach Ansicht der Analysten von Nomura Securities wird die Automatisierung in China aber noch schneller ablaufen als im Japan der 1980er-Jahre. Gemäß einem Hintergrundbeitrag mit dem Titel *Steigende Löhne zwingen China zur Automatisierung* in der angesehenen deutschen Tageszeitung *Die Welt* erwarten Experten, dass sich das Lohnniveau in China in den kommenden fünf Jahren verdoppeln wird.

Die Lohnerhöhungen führen auch bereits innerhalb Chinas zu einer Produktionsverlagerung. So plant die Muttergesellschaft des iPhone-Herstellers Foxconn deswegen einen Neubau von Fabriken im Landesinneren, weil die Arbeitskräfte an der Küste zu teuer geworden sind.

BESSER AUSGEBILDET: DIE FRAUEN

Der SHRM-Report *Engaging and Integrating a Global Workforce* lässt keinen Zweifel daran offen, dass das Potenzial noch nicht ausgeschöpft ist: Mehr als die Hälfte der Menschen sind Frauen. Allerdings sind sie nicht in diesem Maße an Macht, Erwerbsarbeit und Wachstum beteiligt. Sie werden aber immer besser ausgebildet und haben in der höheren Ausbildung weltweit die Männer schon 2012 überholt. Im gleichen Jahr waren nur 50 Prozent der Frauen in arbeitsfähigem Alter angestellt. Bei den Männern waren es 80 Prozent. In den nächsten Jahrzehnten wird eine Milliarde Frauen einen Arbeitsplatz suchen. 94 Prozent dieser Frauen kommen aus Schwellen- oder Entwicklungsländern. In Industrieländern dürften Frauen einen wichtigen Beitrag leisten, dem Fachkräftemangel zu begegnen, und man erwartet, dass die Zunahme des Frauenanteils im Arbeitsmarkt die Folgen der gegenwärtig schrumpfenden Erwerbsbevölkerung dämpfen und das Wirtschaftswachstum begünstigen wird.

Der Beitrag der Frauen zu den weltwirtschaftlichen Aktivitäten und zum Wachstum bleibt derzeit noch weit unter ihrem Potenzial.

Im November 2014 verpflichteten sich die Vertreter der führenden Wirtschaftsnationen der G-20-Gruppe, die geschlechterbezogene Kluft zwischen den Erwerbstätigen um 25 Prozent zu verringern und somit auf eine gendermäßig ausgewogene Volkswirtschaft hinzuarbeiten. Dies könnte die Erwerbsbevölkerung um weitere 100 Millionen Frauen erhöhen.

Die OECD-Studien schätzen, dass die Schließung des *Gender-Gaps* der Arbeitnehmer bis zum Jahr 2030 einen auf die Gesamtwirtschaft der OECD-Staaten bezogenen Zuwachs von durchschnittlich 12 Prozent zeitigen könnte.

Im jüngsten Bericht der japanischen Ausgabe von *Womenomics* berichtete die Goldman Sachs Group, dass die Schließung der geschlechtsspezifischen Beschäftigungslücke das Bruttosozialprodukt Japans um 13 Prozent steigern könnte. »Japan kann sich nicht mehr lange leisten, die Hälfte der Bevölkerung zu vernachlässigen«, schreibt Kathy Matsui, Goldman Sachs' Chefstrategin für Japan, in ihrem Artikel *Investing in Women*. Der japanische Ministerpräsident Shinzo Abe stellt die Frauen in den Mittelpunkt seiner Wachstumsstrategie. Bis zum Jahr 2020 will er 30 Prozent aller Führungspositionen im Parlament, in den Lokalregierungen sowie in Staats- und Privatunternehmen mit Frauen besetzen. Da weniger als 40 Prozent aller japanischen Frauen nach der Geburt ihres ersten Kindes wieder erwerbstätig werden, hat Abe den ehrgeizigen Plan, bis 2018 landesweit 400 000 neue Tagesbetreuungsplätze zu schaffen. Darüber hinaus ist die japanische Regierung mit einer Steuerrevision beschäftigt, die Ehepartnern Anreize geben soll, auch die Frauen am Berufsleben teilhaben zu lassen.

Ob Frauen anders entscheiden als Männer, ist seit eh und je umstritten. Was sich hingegen in jedem Fall durch mehr Frauen im Management verändern wird, sind Atmosphäre und Arbeitsweise auf der Führungsetage: Was sich heute deutlich abzeichnet, ist das Ende der männerbündischen Ära in der Teppichetage.

Schon rein sprachlich werden aus »neun Managerinnen« sofort »zehn Manager«, wenn ein Mann den Raum betritt. Ebenso verändert sich der Charakter einer Gruppe von Menschen sofort, sobald die erste Person des anderen Geschlechts hinzukommt. Management wird dementsprechend in den kommenden Jahren nicht so sehr weiblicher werden als vielmehr menschlicher.

Wenn auf diese Weise das Verhalten von Führungskräften wechseln muss, werden vielfach auch die Führungskräfte selbst ausgewechselt werden müssen; und zwar auch bei den Männern. Zum Teil geschieht das im Rahmen der natürlichen Fluktuation, zum Teil auch gezwungenermaßen, etwa weil bislang übliche Verhaltensweisen skandalisiert werden. Dabei handelt es sich nicht so sehr um die plötzliche Neuentdeckung von moralischen Werten, als vielmehr um ein Zeichen für das zu Ende gehende männerdominierte Zeitalter in der Wirschaft. Möglicherweise bilden sich dabei für eine Übergangszeit auch traditionalistische Nischen in Betrieben oder gar ganze maskulinistische Unternehmen. Doch zumindest mittelfristig werden sich Männer, die am liebsten unter sich bleiben wollen, dafür andere Gebiete suchen müssen als die Arbeitswelt.

REMOTE: DIGITALE NOMADEN

»Bis wann brauchst du's?«, fragt Frank. Ich: »In drei Stunden.« Er: »Okay!«

Wir verhandeln kurz den Preis und chatten dann freundlich noch ein bisschen, und das Projekt geht los. Frank ist 23 Jahre alt, Schweizer und – wie ich herausfinde – zurzeit, als er mir das geschrieben hat, in Guatemala. Frank transkribiert die Interviews, die ich mit Pionieren aus aller Welt für das Buch geführt habe.

Unterdessen meldet sich Chris via Skype-Chat bei mir: »Do you need me? I am off for the next two days.« Chris ist Australier, 31, und witzigerweise auch gerade in Guatemala. Wer weiß, vielleicht sitzen Frank und Chris eben im gleichen Coffeeshop, wo sie das freie WIFI nutzen und am gleichen Projekt arbeiten, ohne dass sie es wissen.

Frank und Chris sind digitale Nomaden:

> Man erkennt sie leicht: Über ihren Laptop gebeugt, sitzen sie mit einer Hand am Kaffeebecher in einer Lounge in Asien, Südamerika oder Afrika und genießen das günstige Leben.
> Das Geld, das sie verdienen, kommt auf ein Paypal-Konto, mit dem sie Flüge buchen und die Welt bereisen.
> Sie arbeiten an eigenen Projekten oder entwickeln im Kollektiv im virtuellen Raum gerade die nächste Killer-App.

Digitale Nomaden sind wichtige Teamplayer in der Workforce. Sie sind nicht geldgetrieben, sondern suchen sich Projekte aus, die ihnen voraussichtlich Spaß machen. Sie sehen sich vorwiegend als Weltbürger.

Unternehmen mit Kultstatus und klarer Wertehaltung haben eine hohe Anziehungskraft. Was also macht mir Spaß? Wo bin ich dabei? Auch das hat mit Identität zu tun, und wenn es nur temporäre Identifikation ist. Zudem brauchen auch Weltbürger Zugehörigkeit – also etwas, mit dem sie sich identifizieren können. Wir können digitale Nomaden, aber nicht globale Bürger sein. Eine gesunde Psyche hat eine klare Identität – und die entsteht durch Abgrenzung und Zugehörigkeit. Attraktivität kommt also vor Loyalität.

Digitale Nomaden werden die klassischen Büros herausfordern. Der *Cubicle* wird verschwinden. Das Home Office auch. Es wird zunehmend »dritte Arbeitsplätze« geben, in einem Café, im Unternehmen des Kunden, im Co-Working Space oder in einer Hotel-Lobby.

Wenn Sie sich vorstellen, wie mein Buch entsteht, und Sie das Bild haben, dass ich im stillen Kämmerlein sitze, dann ist diese

Vorstellung richtig. Aber wenn Sie glauben, dass ich allein am Inhalt arbeite, dann ist die Vorstellung falsch. Enorm viele Leute haben ihren Input gegeben, und ungefähr 13 Leute arbeiten am Buch: Sie recherchieren, verifizieren und übersetzen. Und das sind alles digitale Nomaden. Im innersten Zirkel sind wir zu dritt: ein Professor, ein Journalist und ich.

Die SIB-Trendstudie *Die Zukunft der Führung* zitiert Peter Waser, den damaligen Chef von Microsoft Schweiz (Gürtler 2013):

> »Niemand kann mehr sagen, wo unser Unternehmen eigentlich aufhört. Wir können von 500 Menschen oder von 40 000 reden, die mit Microsoft Schweiz zusammenarbeiten. Oder man kann vollends den Überblick verlieren, wenn man alle Netzwerke aller Mitarbeiter miteinbeziehen will, die bei der Wertschöpfung von Microsoft Schweiz zusammenarbeiten.«

TEILZEIT UND HOME OFFICE

Mit weit verteilten und nur zeitweise beschäftigten Arbeitskräften kann aber auch Arbeitskräftemangel bekämpft werden. Eine Aufgabe für Unternehmen wird sein, trotz kurzer Verweildauer Wissen und Fähigkeiten dieser Mitarbeiter langfristig nutzen zu können – und sie vielleicht enger ans Unternehmen zu binden. In den USA ist die Zahl derer, die von zu Hause arbeiten, zwischen 1980 und 2009 von 0,75 auf 2,4 Prozent gestiegen. Dazu kommen all jene, die, nachdem sie ihren Arbeitsplatz verlassen haben, zu Hause noch weiterarbeiten. In den Vereinigten Staaten, in Großbritannien und in Deutschland sind nahezu 50 Prozent der Manager berechtigt, von zu Hause aus zu arbeiten. In den Entwicklungsländern stieg der Anteil an »Heimmanagern« um 10 bis 20 Prozent, was einen globalen Trend widerspiegelt. Faktoren, die diese Entwicklung in den Schwellenländern vorantreiben, sind in erster Linie die zunehmend längeren Arbeitswege und die ansteigende Verkehrsüberlastung mit vermehrten Staus sowie die steigende Nutzung von Laptops.

Samsung hat unlängst Pläne für einen neuen Hauptsitz in den Vereinigten Staaten präsentiert, die in starkem Kontrast zur traditionell ausgeprägten Hierarchiekultur des Unternehmens stehen. Ausgedehnte Aufenthaltsräume zwischen den Büros sollen die Mitarbeiter in Gemeinschaftsbereiche locken. Die Führungsriege hofft, dass dadurch Ingenieure auch mit Leuten von der Verkaufsfront ins Gespräch kommen. Die kreativsten Ideen kommen sicher nicht beim Sitzen vor dem Bildschirm auf, meint Scott Birnbaum, Vice President von Samsung Semiconductor, in einem Beitrag von Ben Waber im *Harvard Business Manager*.

Temporäre oder in Teilzeit beschäftigte Mitarbeiter fordern Absicherungen gegen Berufsrisiken, ohne dass dadurch die laufenden Kosten in die Höhe getrieben würden. Großes Augenmerk muss dann allerdings auf den Wissens- und Erfahrungstransfer von temporär Beschäftigten zu festangestellten Mitarbeitenden gelegt werden. Zudem muss eine motivierende Unternehmenskultur dazu beitragen, das allgemeine Engagement und die Produktivität zu fördern.

Kein global tätiges Unternehmen darf mehr zwischen »A-Teams« und »B-Teams« oder zwischen »Heimmannschaften« und »auswärtigen Mannschaften« unterscheiden. Schicken Sie Ihre Mitarbeiter rund um den Globus. Sie sollen selbst und ungefiltert erfahren, wie ihre Kollegen in anderen Ländern leben. Natürlich kann man die Schwierigkeiten in Ländern wie Russland und China nicht einfach unter den Tisch kehren: Korruption und Vetternwirtschaft sind Teile der Realität. Aber wer soll verkrustete Strukturen aufbrechen, wenn nicht die Generation der digitalen Cowboys, also die jungen Menschen, die von klein auf Transparenz und demokratische Entscheidungsfindung im Netz miterlebt haben?

Nicht nur die Arbeitsplätze, auch die Ausbildung wird immer dezentraler. Das MIT hat einen großen Teil seiner Vorlesungen online gestellt – und man kann das alles lesen ohne Anmeldegebühren. Khan Academy und Coursera bieten sogenannte MMOCs an – *Massive Open Online Courses* –, wo Menschen aus der ganzen Welt Volkswirtschaft studieren oder die Programmiersprache Python erlernen können. Selbst *Harvard Business Review* und *Forbes* stellen ihre Inhalte ins Internet, und immer mehr Wissenschaftler publizieren in *Open Journals* ihre Studien.

MULTIKULTURELL

Als 17-Jährige verdiente ich mein erstes Taschengeld bei Lego. Damals war das Unternehmen ein Spielwarenhersteller. 2004 stand Lego vor der Pleite. In ihrem spannenden Buch *Das Imperium der Steine* (Robertson u.a. 2014) erklären die Manager von damals die Gründe: »Unsere größte Herausforderung war, mit einer Welt Schritt zu halten, die uns davonlief.«

> Sie hatten Probleme mit der Internationalisierung – nicht weil sie die *Due Diligence* der Märkte nicht gemacht hätten, sondern weil Menschen mit unterschiedlichsten Weltbildern aufeinanderprallten.
> Sie hatten Schwierigkeiten mit der Innovation – weil junge Designer mit altgedienten Kollegen nicht klarkamen.
> Und sie hatten Schwierigkeiten, neue Talente reinzubringen: »Neulinge« – wie sie es nennen, konnten sich nicht mit der Kultur verbinden.

VERSCHIEDENE KULTURELLE KOMMUNIKATIONSMUSTER

DEUTSCHLAND

U.K.

JAPAN

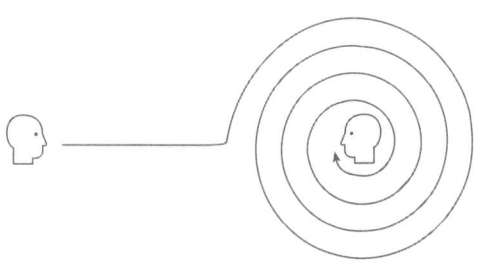

Heute ist Lego Branchenführer und schreibt seit 2012 Rekordumsätze. Warum? Die Manager haben das Unternehmen komplett neu erfunden. Und sie setzen in ihrer Strategie auf:

> Kreativität durch Vielfalt: Sie sagen, dass genau dort, wo es zu zwischenmenschlichen Reibungen kommt, die großen Durchbrüche entstehen. Aber das müssen sie erst mal managen können, dass der Konflikt nicht eskaliert, sondern Kreativität entsteht.

> offene Schwarmintelligenz: Sie hatten vorher schon Produkte, Designer und Kunden – aber jetzt öffneten sie die Unternehmensgrenzen. Kunden arbeiten seither mit Designern gemeinsam am Produkt. Das geht nur, wenn sie sie vernetzen und eine Zusammenarbeit ermöglichen, die das Potenzial freisetzt.

> eine wertezentrierte Kultur, mit der sich Mitarbeiter und Kunden identifizieren können: Lego ist nicht mehr Spielwarenhersteller, sondern Kultstätte. Mitarbeiter und Kunden sind Fans geworden. Und damit sie eine Fan-Community aufbauen können, müssen sie Beziehungen gestalten.

Wir verstehen: Es geht um Menschen. Aber was wir oft vergessen: dass es wie bei Lego um Beziehungen geht. Es sind vor allem diese Beziehungen, die wir managen müssen. Und da spielen auch kulturelle Faktoren eine Rolle.

Aber was ist Kultur? Im weitesten Sinne ist Kultur alles, was der Mensch gestaltend hervorbringt, im Unterschied zur Natur, in die er (noch) nicht eingegriffen hat. Kulturleistungen sind alle formenden Umgestaltungen eines gegebenen Materials, wie in der Technik oder der bildenden Kunst, aber auch geistige Gebilde wie Sprachen, Moral, Religion, Recht, Werte, Wirtschaft, Wissenschaften und Problemlösestrategien. Im engeren Sinne bezeichnet Kultur auch eine Gruppe von Menschen, die eine eigene Kultur entwickelt haben. Viele dieser kulturellen Inhalte sind tief verwurzelt in uns. Dennoch gibt es auch eine kulturelle Dynamik. Da stehen wir mittendrin. Wir leben alle in einem Strudel verschiedener Kulturen. Schon in der physischen Welt sind wir auf Schritt und Tritt einer Vielfalt von Kulturen ausgesetzt. In der digitalen Welt jedoch sind sie insgesamt präsent.

Kultur ist: »So machen wir das hier.« Ich werde immer wieder gefragt: Sind wir denn nicht alle gleich? Wir sind doch alles Menschen. Auf der anderen Seite werde ich gefragt: Aber jeder ist doch einzigartig, wie geht das zusammen? Das sind berechtigte Fragen. Richard Lewis unterscheidet drei Ebenen:

> Die universelle Ebene: Hier sind wir Menschen alle gleich. Wir alle haben das Bedürfnis nach Essen, Trinken, Schlafen und Fortpflanzung. Auf dieser Ebene teilen wir uns auch die Liebe zu Kindern und den Sinn für Gerechtigkeit. Diese Bedürfnisse sind angeboren.

> Die soziale Ebene: Der Mensch ist individuell und gleichzeitig ein Herdentier. Er braucht Zugehörigkeit, ein Wir-Gefühl. Hier passiert das, was ich den »Obelix-Effekt« nenne: »Die spinnen, die Römer«. Es sind immer die anderen. Der Mensch unterscheidet sofort zwischen »Wir« und »den anderen«. In diesem Wir herrschen Regeln, wie eben die Dinge gemacht werden. Kultur ist der Kleister, der eine Gemeinschaft zusammenhält und ihr Gruppenidentität gibt. Kulturspezifische Regeln sagen uns, was richtig ist und was falsch; was gut ist und was schlecht. Und das lernen wir bereits als Babys. Kulturen sind also erlernt.

> Die individuelle Ebene: Hier entfalten wir unsere Einzigartigkeit. Jeder von Ihnen ist einzigartig. Es gibt niemanden wie Sie.

Es hat niemanden wie Sie gegeben und wird es auch nie geben. Diese Einzigartigkeit mit ihren eigenen Talenten, persönlichen Vorlieben und Meinungen zu entdecken ist enorm wichtig. Denn damit können Sie der Welt etwas bieten, das niemand anders kann. Diese Ebene ist eine Mischung aus angeboren, erlernt und abgeleitet.

Der kulturelle Teil in uns ist also nicht nur erstrebenswert für Innovation, Kreativität und Komplexitätsbewältigung, sondern auch wichtiger Pfeiler einer gesunden Identität und eines erfüllenden Zugehörigkeitsgefühls. Gerald Hüther erklärt in seinem Buch *Etwas mehr Hirn, bitte*, dass die gleichen Hirnareale aufflackern wie bei physischem Schmerz, wenn wir uns ausgegrenzt und nicht zugehörig fühlen. Zugehörigkeit, Wir-Gefühl schaffen ist eine der wichtigsten Aufgaben der Führungspersönlichkeiten der Zukunft. Eine riesige Herausforderung in einer Multi-Optionsgesellschaft, die große menschliche Kompetenzen benötigt.

Wenn Sie also denken, im Zuge der Globalisierung seien wir alle gleich geworden, dann irren Sie sich: Wir trinken zwar überall Coca-Cola, essen bei McDonald's und tragen die gleichen Kleider. Aber das ist Lifestyle. Lifestyle ist nur die Oberfläche der Kultur und verändert sich rasch. Kultur ist tief in uns verankert und sehr resistent gegen Wandel. Sie ist eine Essenz, die von Generation zu Generation weitergegeben wurde. Wir können uns mit Menschen aus verschiedenen Kulturen prächtig verstehen. Aber sobald es um etwas geht – und im Business geht es immer um etwas –, kann das schmerzhaft werden, weil wir auf unsere kulturell unterschiedlichen Handlungsmuster zurückgreifen. Das kann zu großen Missverständnissen und Irritationen führen.

Die Auswirkungen der multikulturellen Umwelten auf das Verhalten von global und lokal aktiven Arbeitgebern manifestieren sich auf verschiedenen Ebenen. Auf einer primären Ebene sind kulturell angemessene Kommunikationsformen und nonverbale Business-Etikette unumgängliche Bedingungen für erfolgreiche Verhandlungen von internationalen Verkaufsteams oder für den Umgang mit ausländischen Delegationen. Höflichkeit und Taktgefühl mögen als selbstverständliche Voraussetzungen gelten. Weiß aber jeder, was der fremde Gesprächspartner als höflich empfindet? Der beiläufige Hinweis auf die Notwendigkeit, Visitenkarten von Japanern oder Chinesen in einer formalen, fast rituellen Weise zu empfangen reicht bei Weitem nicht aus.

Hier ein paar Beispiele, welche die Komplexität des interkulturellen Managements veranschaulichen mögen:

Indische Arbeiter schätzen den paternalistischen Führungsstil. Sie kennen nichts anderes. Die Kommunikation beschränkt sich bei ihnen auf Top-down-Anweisungen. Sie loben die Fähigkeiten ihrer Vorgesetzten und erwarten hierfür Aufmerksamkeit. Japanische Arbeiter ordnen sich hingegen den Unternehmenszielen unter und sind loyal; ihre individuelle Arbeitszufriedenheit ist indessen eher gering. Im selben Licht betrachtet, zeigt sich ein weltweit identisches Belohnungssystem als ineffektiv, weil die Erfolgsfaktoren der Mitarbeiterbindung kulturell verschieden sind. In vielen Teilen der Welt bilden Entwicklungschancen den Motor der Leistungssteigerung. In Deutschland hingegen ist die Fähigkeit der Unternehmensführung zur Begeisterung der Belegschaft ausschlaggebend. Aber dieser Motivationsfaktor ist beispielsweise für Mexikaner weit weniger wirksam als die Aussicht auf stressfreies Arbeiten.

INCENTIVE

Eine europäische Firma, die schon seit Jahrzehnten in Asien tätig ist, dachte, mit einem HR-Manager aus England neuen Schwung in ihre Büros bringen zu können. Der gute Mann hatte mehrere Seminare zur Mitarbeitermotivation besucht und wollte das auch in den neuen asiatischen Büros anwenden. Um die Mitarbeiter bei Laune zu halten, organisierte er in den zehn asiatischen Landesbüros Wahlen zum Mitarbeiter des Monats. Jeder konnte mitmachen, die Wahlen waren geheim. Das Ergebnis allerdings war nicht so ganz, was er sich vorgestellt hatte: Alle Büros hatten den jeweiligen Country-Manager, also den Chef, gewählt. Denn in Asien wäre es eine grobe Unsitte, nicht die ranghöchste Person mit einer solchen Auszeichnung zu versehen.

Viele Zusammenschlüsse von Unternehmen scheitern, weil zwei verschiedene Unternehmenskulturen aufeinanderprallen und unvereinbar sind. Mitarbeiter mit unterschiedlichem Erfahrungshorizont, unterschiedlichen Gehalts- und Bonusstrukturen, Managementmethoden und Kommunikationswegen werden auf solche Zusammenschlüsse unterschiedlich reagieren.

MULTIGENERATIONELL

Ich habe sie schon weiter oben erwähnt, die Millennials. Diejenigen, die zwischen 1981 und 2000 geboren wurden und den virtuosen Umgang mit digitalen Geräten mit der Muttermilch aufgesogen haben. Im Unterschied zu älteren Generationen kommunizieren sie nicht mehr per E-Mail, sondern per Sofortnachrichten, Instant Messaging, WhatsApp oder die sozialen Netzwerke.

MILLENNIALS TAKE OVER

Mitglieder dieser Generation hassen pyramidenartige Hierarchien, Papierkram und bürokratische Hürden; sie verachten Chefs, die mit Befehlsgewalt und Kontrolle funktionieren. Sie lieben fließende Systeme, die ihre Kompetenzen mit dem Informationsaustausch über digitale Netzwerke nähren. Wer möchte schon zu jener Kategorie von Firmen gehören, über die ein »Millennial« lästerte: »Wir kennen keine interne Transparenz. Entscheidungen werden hinter verschlossenen Türen getroffen. Wenn Anweisungen erteilt werden, erklärt den Mitarbeiter kein Mensch, welches die Hintergründe des Beschlusses waren.« Kann man nicht mit diesen Medien umgehen, hat man schon verloren. Die Millennials bekamen es in die Wiege gelegt, und mit ihrem digitalen Wissen werden sie Innovationen schaffen und Unternehmen damit reich machen. Auch ist es für diese Generation selbstverständlich, in internationalen Teams zu arbeiten. Diskriminierung aufgrund von Nationalität oder Geschlecht ist ihnen fremd.

> Die Generation Playstation wird in den kommenden Jahren Innovationen hervorbringen, die unser Leben verändern.
> Sie werden manche Unternehmen reich machen.
> Diskriminierung aufgrund von Alter, Geschlecht oder Nationalität sind ihnen fremd.
> Und die Fähigkeit, in internationalen Teams zu arbeiten, ist ihnen quasi in die Wiege gelegt.
> Außerdem sind diese Digital Cowboys mit Google und Wikipedia aufgewachsen – also mit dem ganzen Wissen der Welt. Zum ersten Mal in der Geschichte der Menschheit haben jüngere Menschen radikal mehr Wissen als die älteren.

WHY THE HALFLING?
DER ERFAHRUNGSSCHATZ DER ÄLTEREN

Warum nun sollten diese smarten Millennials mit Alten zusammenarbeiten?

Gandalf der Graue weiß im Spielfilm *The Hobbit* die Antwort:

Galadriel: *»Mithrandir, why the halfling?«*

Gandalf: *»I do not know. Saruman believes that it is only great power that can hold evil in check. But that it is not what I've found. I've found it is the small things, every act of normal folk that keeps the darkness at bay – simple acts of kindness and love. Why Bilbo Baggins? Perhaps it is because I am afraid, and he gives me courage.«*

Das Alter hat seine Bedeutung verloren. Es gibt keine Halflinge mehr und es hat sie ja vielleicht auch gar nie gegeben. Einst dauerte eine Generation 30 Jahre. Heute verstehen sich schon die 20- und 30-Jährigen nicht mehr. Und der Trend hält an.

Wir glauben, dass die effektivsten Problemlösungen in der Zukunft jene sein werden, die verbunden sind mit einem historischen Kontext. Was können wir von den älteren Generationen lernen? »Wissen über und von anderen Generationen ist wichtig für das heutige schnelle, wechselnde Geschäftsumfeld«, sagen Notter und Grant in *When Millennials Take Over*. Die Frage ist dabei, was wir von den Jüngeren und Älteren lernen müssen.

Neil Howe und William Strauss sind die führenden Autoritäten auf dem Gebiet der Generationenforschung. Sie denken, dass die erfolgswirksamsten Lösungen im Geschäftsleben der Zukunft mit dem einzigartigen historischen Kontext unserer heutigen Zeit verbunden sein werden. Thema Generationen: Es gibt eine Unmenge von groben Verallgemeinerungen über Millionen von Menschen, die nicht zum gegenwärtigen Verhalten der Belegschaft meiner Organisation passen. Wie können mir Kenntnisse über die Merkmale der verschiedenen Generationen helfen, meine Organisation zu stärken und schlagkräftiger zu gestalten? Das Wissen über Generationen ist für den Erfolg in unserer schnelllebigen und sich ständig verändernden Umwelt entscheidend. Das Kunststück besteht darin, herauszufinden, welche Aspekte im Generationenumfeld relevant sind und welche nicht.

In Deutschland beispielsweise zeichnet sich seit den 70er-Jahren ein demografischer Wandel mit einem massiven Anstieg des Bevölkerungsanteils älterer Menschen ab. Dennoch ist der Begriff der »Überalterung« ein Unwort. Im Gegensatz zu hochaltrigen Menschen, deren Lebensradius eingeschränkt ist, bleiben die sogenannten »jungen Alten« mehrheitlich behinderungsfrei und können ihren Erfahrungsschatz mit den jüngeren Generationen teilen. Ihre größere Glücksfähigkeit, Entschleunigung und Aggressionsarmut sind Gewinne, die sie in die Gesellschaft einfließen lassen können. Dieser neue demografische Kontext wird sich auch in den Unternehmen bemerkbar machen, zumal die früher rigoros eingehaltene Pensionsaltersgrenze zunehmend verwischt wird. Das Ausmaß der Zunahme der noch erwerbstätigen »jungen Alten« und ihrer Tätigkeitsfelder hängt in erster Linie von Präventionsmaßnahmen ab. Wer nicht vorsorgt, verarmt im Alter oder muss so lange arbeiten, bis er umfällt. Wenn wir indessen gesundheitliche und finanzielle Vorkehrungen treffen, werden wir so lange arbeiten können, wie wir Lust dazu verspüren.

Menschen, die über das Pensionsalter hinaus gesellschaftlich aktiv bleiben, lassen sich zumeist von der Sinnfrage leiten. Wenn sie nicht unternehmerisch tätig sind, engagieren sie sich deshalb gern ehrenamtlich, vorwiegend in sozialen und kulturellen Organisationen. Viele bleiben auch schöpferisch tätig oder fungieren als Berater von jüngeren Berufskollegen.

Der Jugendwahn hat schwerwiegende Folgen. Die von 2002 bis 2007 gewachsene und letztlich mit lautem Knall geplatzte Börsenblase ist eine monströse Fehlentwicklung. Nach Schätzungen des Internationalen Währungsfonds (IWF) beziffern sich die weltweiten Wertpapierverluste infolge des wirtschaftlichen Kollapses auf 4 Billionen US-Dollar. Die Banken- und Finanzkrise als Teil der Weltwirtschaftskrise hätte uns wohl weniger brutal getroffen oder wäre uns möglicherweise sogar erspart geblieben, wenn die Banken multigenerationale Entscheidungsgremien geschaffen hätten. Stattdessen gaben sich in den Handelsräumen junge waghalsige Trader die Hand, welche die Auswirkungen von Finanzkrisen bestenfalls vom Hörensagen kannten. Sie hatten keine Ahnung, welche gesellschaftlich gravierenden Konsequenzen ein hoher *Leverage* hat, wenn die Preise plötzlich purzeln. Die kaum den Hochschulen entwachsenen Jungbanker nahmen die Signale selbst dann nicht wahr, als Investoren von ertragversprechenden Risiken plötzlich nichts mehr hören wollten.

Nachhaltigkeit entsteht da, wo Innovationskraft und Erfahrung gekoppelt werden. Risikobereitschaft ist gut, es braucht aber auch eine Risiko-Awareness, die etwaige Krisen voraussehen und entsprechende Vorkehrungen treffen kann. Der richtige Mix bringt den Erfolg.

»ALL THE PEOPLE SIT DOWN AND ASK, ›WHAT IS IT‹. BUT THE BOYS ASK, ›WHAT CAN I DO WITH IT?‹«

— STEVE JOBS

Will man im internationalen Markt gewinnen, ist *Diversity* das Losungswort. *Diversity* in Bezug auf Geschlecht, Nationalitäten und Alter. Und natürlich auch in Bezug auf die Persönlichkeiten. Denn heute ist es gar nicht mehr so einfach, in Stereotypen zu denken. Frauen müssen nicht unbedingt sozialer denken, Junge müssen nicht zwingend innovativer sein, und mancher Senior ist noch zu Risiken bereit. Sind Sie aber in einem internationalen Umfeld tätig, sollten Sie die Kenntnisse lokaler Fachkräfte unbedingt nutzen. Lokale Arbeitskräfte bringen ein tieferes Verständnis für Kulturen ins Unternehmen, das man nutzen kann – auch um Fettnäpfchen zu vermeiden. Eine multikulturelle Belegschaft kann Kreativität und Innovation fördern, weil es multidimensionale Sichtweisen und Erfahrungen gibt, die eingebracht werden.

NEUE KOMPETENZEN

Dem achtsamen *Recruiting,* das all diese Faktoren miteinbezieht, kommt also höchste Bedeutung zu. Aber auch den neuen sozialen Kompetenzen, die es in der Führung zu fördern gilt. Das heißt, dass meines Erachtens vor allem in drei Bereiche investiert werden muss:

> Gezielt in eine starke Kooperationskultur investieren: Das bedeutet, niemand soll sich hinter Aufgabenbeschreibungen oder Titeln verstecken. Organisationsgrenzen lösen sich nach außen auf, Konsumenten arbeiten am Produkt mit. Entsprechend ist es wichtig, dass auch innere Grenzen fallen und kein Silodenken herrscht. Der Mensch braucht Zugehörigkeit. Die findet er jeweils auch in Abteilungen. Hier müssen Sie also auf

das Wir der Firma – auf eine Meta-Ebene – einzahlen und eine Kultur herstellen, in der jeder hilft und mit anfasst.

> In soziale Fähigkeit investieren: Die besten Leute an Bord zu haben genügt nicht. Oft scheitern ganze Teams und Projekte, weil es in der Diversität schnell zu Wertekonflikten kommt. Investieren Sie in interkulturelle Trainings und Weiterbildungen, in denen eingeübt wird, mit anderen Weltbildern umzugehen und das Bewusstsein für die eigenen Werte zu entwickeln.

> In Leadership-Ausbildungen investieren: Gute Führungskräfte sind immer rar, erst recht in dieser Revolution. Wie kann man den Umgang mit Komplexität und anderen Menschenbildern einüben? Wie gelangt man an die eigenen Ressourcen, die so zentral sind in diesem neuen Umfeld? Aus gegebenen Umständen haben wir noch wenige Vorbilder. Umso mehr gilt es, die bestehenden Führungskräfte weiterzubilden und eine Vervielfältigung funktionierender Rollenbilder zu fördern. Ermutigen Sie Ihre Mitarbeiter, zu experimentieren und aus Fehlern zu lernen.

WORKPLACE

Einst klare Definitionen wie die für Arbeitszeit oder -ort verlieren an Trennschärfe, nicht einmal die Grenzen des Unternehmens sind noch klar bestimmbar. Offenheit und Interaktion sollten für die Führung kein Problem sein, sondern Teil der Lösung, heißt es in der SIB-Trendstudie zur Zukunft der Führung (Gürtler 2013).

Grenzen sind heute offen, wird weiter präzisiert. Unternehmen seien nicht mehr an Ländergrenzen gebunden. Sie können Mitarbeiter nicht nur in ihrem Heimatland finden, sondern weltweit. Immer mehr Menschen aus Schwellen- und Entwicklungsländern bringen zunehmend bessere Qualifikationen mit. Und wie wir gesehen haben: Immer mehr Frauen sind besser ausgebildet als

Männer. Und die Menschen werden länger arbeiten. Der typische Mitarbeiter ist Geschichte. Die Vielfalt hinsichtlich Herkunft, Geschlecht und Alter wird zunehmend unübersichtlich, birgt aber größtes Potenzial. Benötigt wird einzig noch das Smartphone – Büro, Sekretariat und Weiterbildungsinstitut in einem. Das Telefon wird das Büro, Sekretariat und Weiterbildungsinstitut. Wir werden weniger PCs haben und mit den kleinen Geräten praktisch von überall arbeiten können.

Es wird einen Wandel geben vom *Outsourcing* zum *Crowdsourcing*. Firmen werden viel mehr Wir-Intelligenz brauchen als Headhunter oder billige Zulieferer, die nicht mit dem Kern und der Vision des Unternehmens verbunden sind.

In Zukunft werden nicht nur einzelne Mitarbeiter eingestellt, sondern ganze Teams. Diese werden in Projekten arbeiten und nach Beendigung das Unternehmen vielleicht auch wieder verlassen. Es kann auch gut passieren, dass Ihre eigenen Mitarbeiter themenorientierte »Gilden« schaffen und dann weiterziehen.

PLURALE IDENTITÄT

Der Manager muss der Vielfalt seiner Workforce entsprechen. Er wird vom Leader zum Facilitator und muss Interaktion ermöglichen. Aber wer ist der Manager? Welches ist seine Identität? Der Identitätsbegriff geistert nach wie vor durch die gesamte sozialwissenschaftliche und psychologische Fachliteratur, und bis heute ist man sich nicht einig, was Identität ausmacht. Ein viel zitierter Klassiker in diesem Forschungsbereich ist George Herbert Mead (1863−1931), dessen Theorien noch immer Gültigkeit haben. Seine These: Das menschliche Bewusstsein ist ein evolutionäres Resultat der laufenden Auseinandersetzung des lebenden Organismus mit seiner Umwelt. Und er stellt die Frage, ob ein Individuum trotz mannigfacher Umwelteinflüsse immer es selbst bleiben kann.

Dieses Problem ist in der heutigen pluralistischen Welt, in der die Menschen immer stärkeren medialen und gesellschaftlichen Eindrücken ausgesetzt sind, von besonderer Aktualität. Wie können in dieser Reizüberflutung Kontinuität und Kohärenz, die Kardinalpunkte der Identität sind, überhaupt ausgestaltet werden?

Heute wird von pluraler oder dialogischer Identität gesprochen, die als Spiegel der Gesellschaft gilt. Plurale Interaktionen entstehen vor allem dann, wenn unterschiedliche kulturelle oder religiöse Auffassungen aufeinanderprallen. Die Erfahrung interkultureller Unstimmigkeiten ist letztlich somit ein Gewinn, weil sie zur Hinterfragung und damit zur Stärkung der eigenen Identität dienlich sein kann. Denn letztlich ist Identität keine Theorie, sondern ein Gefühl. Ein Gefühl für sich selbst, das sich dynamisch formt durch die ständige Auseinandersetzung mit der Erfahrungswelt.

SINNSTIFTEND STATT NINE TO FIVE

Das Wissen und die Weisheit der Vielfalt in der Workforce ist heute zweifelsohne Ihr absolut größtes Kapital. Haben Sie die Fähigkeit, diese Workforce zu managen und dieses Wissen anzuzapfen? Haben Sie die Voraussetzungen, es zu verknüpfen? Haben Sie die Strukturen dazu? Das ist eine Seite der Medaille. Die andere heißt »Menschlichkeit« und »Sinnhaftigkeit«. Menschen treten in Firmen ein, aber Menschen verlassen Vorgesetzte. Die häufigsten Gründe, warum Menschen wieder gehen: Sie haben sich als Mitarbeiter nicht gehört, nicht gesehen und nicht fair behandelt gefühlt. Gezielt in soziale Führungskompetenzen und in Menschlichkeit zu investieren macht den Geschäftsablauf deutlich reibungsärmer. Wir wenden viel Zeit auf, um unsere Kunden zu verstehen. Mittels Umfragen und ausgeklügelter Software eruieren und dokumentieren wir ihre Vorlieben, Hobbys und Lieblingsdinge.

Über unsere Mitarbeiter hingegen haben wir Leistungsausweise, viel mehr nicht. Wann haben Sie das letzte Mal Pause gemacht und ein persönliches Gespräch geführt? Und ermuntern Sie mal Ihren Mitarbeiter, Ihnen etwas von sich zu erzählen, was Sie noch nicht wissen. Da gehen wahre Schatztruhen an Ressourcen auf! Das mag nichts Neues sein für Sie. Aber in der heutigen Zeit ist das eine echte Herausforderung. Und: Heute gilt es, noch einen Schritt weiterzugehen: Das ist die Antwort auf die Frage nach der Sinnhaftigkeit. Wenn Unternehmen außer Allgemeinplätzen nichts zu bieten haben, werden begabte Mitarbeiter in der globalen Welt weiterreisen, an Orte, die mehr versprechen. Aber wenn Unternehmen Zugehörigkeit und Sinnhaftigkeit vermitteln können, geben die Mitarbeiter alles. Viele sprechen hier von Purpose. In einer Multi-Optionsgesellschaft ist das eine der wichtigsten Aufgaben.

04

— **DER NEUE KERN**

DAS UNBEHAGEN IM EMOTIONALEN TROCKENLAND

Prinzessin Diana ist ein psychologisches Phänomen, habe ich mal irgendwo gelesen. Das scheint sie tatsächlich gewesen zu sein. Die Nachricht von ihrem Tod hat mich in den Bergen der Calanque erreicht. Zurück vom Klettern, fuhren wir in einem VW Golf durch die schwarze Sommernacht, begleitet von einem Mond, der malerisch auf einem Wolkenkissen schlief. Ich hatte bislang keine Berührungspunkte mit Königshäusern, weder beim Coiffeur durch die Boulevardpresse noch sonst. Aber ihr Tod drückte mir unerklärlicherweise Tränen in die Augen. Rückblickend glaube ich, dass mir ihr Titel »Königin der Herzen« gefiel. Und ich glaube, dass die Welt sie mochte, weil sie für etwas einstand, das wir uns alle wünschen: Emotionen. Und weil sie gegen etwas rebellierte, das wir auch wollen, aber uns meist nicht trauen: von außen auferlegte Zwänge sprengen. Ich glaube, die Welt trauerte um Diana, weil sie diesen Kampf, nämlich für sich selbst einzustehen und sie selbst zu sein, verlor. Das finden wir nicht fair. Das bewegt uns – weil wir uns selbst darin erkennen. Lady Di bewegte sich in einem eisernen Umfeld, das beherrscht war von Protokoll und Etikette und einer unsäglich emotionalen Unterernährung. Ich erlaube mir diese Aussagen, denn so surreal das auch anmutet: Ich habe später eine Stiftung von Königin Sylvia von Schweden geführt und mit Menschen königlichen Geblüts gearbeitet. Emotionen wie echte Begeisterung, wilde Leidenschaft und Inspiration schickten sich nicht. Und nur die leiseste Andeutung von Gefühlen versickerte im trockenen Boden der royalen Regeln und der Elite-Kultur.

GEFÜHLSBEFREITE UNTERNEHMENSKULTUREN

Eine sehr ähnliche Kultur erlebte ich auch während meiner Zeit in verschiedenen Konzernen. Ich habe Jahre in einer toughen, *No-Pain-No-Emotion*-Kultur gelebt, wo Körper nur Träger für Köpfe waren und Gefühle ein höhnisches Schnauben auslösten. Organisationen verlangen, dass ihre Mitarbeiter inspiriert und mit Leidenschaft zur Arbeit erscheinen, aber die Emotionen sollen an der Eingangspforte abgegeben werden. Grundsätzlich kann man alle Gefühle zumüllen oder sogar totschlagen – außer zwei: Angst und Schmerz. Die Angst ist allgegenwärtig: nicht zu gefallen, nicht zu erfüllen, nicht genügend zu leisten, nicht genügend den Vorstellungen zu entsprechen. Angst lässt sich nicht abstellen. Höchstens verdrängen. Das Gleiche gilt für den Schmerz. Dann rennt man eben Marathon oder macht sonst etwas, das einen an physische Grenzen bringt. Immerhin zeigt der Schmerz etwas, das nicht zu unterschätzen ist: Ich lebe noch.

Niemand kann auf Dauer mit emotionaler Schmalkost leben. Gefühlsfreie Rationalisten können wir in der Zukunft als Roboter haben. Wir haben gesehen, wie viele Köpfe zugunsten der denkenden Maschinen fallen. Und ist der Kopf erst ab, wird es schwierig, nach dem Herzen zu suchen.

DIE MACHT DER GEFÜHLE

Etablierte Unternehmen stecken häufig noch fest in ihren alten Strukturen, geführt von Menschen, die gelernt haben, ihre Gefühle zu unterdrücken oder gar zu negieren. Auch heute noch reden sie mit niemandem über ihre Ängste, über ihre Stresssymptome wie Herzrasen, Schlaflosigkeit, Tinnitus oder gar Gürtelrose. Die Zähne zusammenbeißen bedeutet, dass man kein Weichei ist. Das mochte in gewissen Situationen seine Richtigkeit haben, aber mit dieser Einstellung kommen wir in der Frage der Zukunftsfähigkeit nicht weiter. Wer die eigenen Gefühle abwehrt, kann auch die Befindlichkeiten der Mitarbeiter und der Teams nicht wahrnehmen. Denn: Werden Ängste hinuntergewürgt, entfalten sie eine destruktive Kraft. Lernen wir aber, sie wahrzunehmen, lassen sie sich innovativ und kraftvoll wandeln. Gefühle sind immer Wegweiser. Egal, ob es sich um angenehme oder unangenehme Gefühle handelt. Das wurde in den letzten Jahrzehnten massiv unterschätzt. Selbst die Psychologie hat sich im Bann des Behaviorismus nur abschätzig dazu geäußert. Weil sie schwerlich zu messen sind. Dank der neuen bildgebenden Verfahren in der Neuropsychologie weiß man heute: Es sind die Gefühle, die uns steuern. Wobei Kognition und Gefühl ganz eng miteinander verwoben und in ständigem Austausch sind.

Ein Report des diesjährigen WEF hat dargelegt, welche Skills wir neben einer guten Ausbildung und guten Berufsreferenzen benötigen, um die anstehenden Anforderungen zu meistern, welche die vierte industrielle Revolution mit sich bringt. In folgender Reihenfolge wurde genannt:

1. Komplexes Problemlösen
2. Kritisches Denken
3. Kreativität
4. People Management
5. Koordination mit anderen
6. Emotionale Intelligenz
7. Beurteilungsvermögen und Entscheidungsfähigkeit
8. Serviceorientierung
9. Verhandlungsgeschick
10. Kognitive Flexibilität

Bei fast allen Skills handelt es sich um Soft Skills. Diese sind erlernbar. Unser Hirn ist so angelegt, dass es ständig zu neuen Verknüpfungen fähig ist und alte Muster überschreiben kann. Das geht aber nur, wenn man weiß, was man überhaupt verändern möchte. Das bedeutet: Ich muss mich kennen und einen guten Draht zu meiner eigenen Gefühlswelt haben. Leider lernt man den Umgang mit Gefühlen weder in der Schule noch an der Uni. Wollen wir aber reif sein für die Kollaboration von Menschen und intelligenten Maschinen, brauchen wir eine äußerst elaborierte emotionale Kompetenz. Die besteht darin, dass wir

> die eigenen Gefühle bewusst wahrnehmen und benennen können;
> die Ursachen des aktuellen Befindens erkennen;
> uns selbst in belastenden Situationen unterstützen können;
> in der Lage sind, die eigenen Gefühle positiv zu beeinflussen;
> unangenehme Gefühle bei Bedarf akzeptieren und aushalten können;
> uns mit emotional belastenden Situationen konfrontieren können.

Klingt einfach. Braucht aber Übung. Manchmal sogar Unterstützung von außen, bis man darin Meister wird. Aber die Anlage dazu hat jeder: Wir alle sind fühlende Wesen. Zudem hat das Üben dieser Kompetenzen den positiven Nebeneffekt, dass wir nicht in die Burn-out- und Depressionsfalle tappen. Das beweisen, wie Berking in *Training Emotionaler Kompetenz* ausführt, mehrere Studien.

»Wer sich nicht selbst managen kann, kann auch andere nicht managen«, sagt Fredmund Malik in seinem Buch *Navigieren in Zeiten des Umbruchs.*

Ein Plädoyer für mehr Gefühle läuft dem *alten* Mainstream entgegen – es droht die Gefahr, in die Ecke des Lächerlichen oder gar des Esoterischen gestellt zu werden. Es braucht eine gehörige Portion Mut, sich dafür einzusetzen. Aber es gab immer wieder Puzzleteile in meinem Leben, die mir gezeigt haben, wie wichtig es ist, sich dafür starkzumachen.

MIT PAULO COELHO IM GESPRÄCH

Ich hatte das Vergnügen, als Delegierte der Konzernleitung der Swissair fünfmal am World Economic Forum in Davos teilzunehmen. Ich erinnere mich an eine Diskussionsrunde in einem Salon auf der Schatzalp. Man stelle sich die Szene vor, wie von Georg Danzer besungen:
»Feine Leute trinken Tee. Essen dazu Kuchen. Sitzen auf dem Kanapee, man hört sie niemals fluchen.« Nun, den letzten Teil müssten wir hier herausnehmen. Denn während draußen der Schnee fiel und Eisblumen wie mit gefrorenem Lächeln die Fensterscheiben verzierten, hätte die Stimmung drinnen nicht gegensätzlicher sein können: Der Kessel kochte!
Der Journalist Tom Wolfe traf auf den Schriftsteller Paulo Coelho. Ratio knallte auf Emotion, Journalismus auf Dichtkunst. Sie hätten einen Diskurs über die Weltlage führen sollen. Stattdessen wurde aus der Begegnung ein Feuer-und-Eis-Cocktail. Eine Bombenmischung sozusagen. Mit donnernden Wortgefechten kreuzten die zwei verbal die Klingen. Unter dem wallenden Deckmantel der Vernunft tat Tom Wolfe die Aussagen Coelhos als esoterisches Geschwätz ab. Coelho kochte und spie Worte wie flüssige Lava aus dem Schlund eines Vulkans. Das Publikum hielt den Atem an. Wie bei einem Tennismatch schwenkten sie die Köpfe, wenn der Wortball beim einen und dann wieder beim anderen war. Mein Gott, setzte dem Beleidigungsschlamassel denn niemand ein Ende? Was hatte sich der Gastgeber dabei gedacht, als er die beiden gegenei-

nander antreten ließ? Und ich erlebte zum ersten Mal in meinem Leben bewusst, was es heißt, sich fremdzuschämen. Mir war es peinlich, wie unintelligent Tom Wolfe Emotionen abtat. Und ich fand es bewunderungswürdig, wie Paulo Coelho unverhohlen seine Abscheu ob so viel Dürre des Denkens zeigte. Dann wurde es Paulo zu blöd. Ohne sich um die verlorene Façon zu kümmern, rauschte er wie eine Diva aus dem Salon. Ich hinterher. Er drückte mich, fluchte, verabschiedete sich, fluchte und kritzelte auf einen Moleskine-Zettel: »Nicole, suivez toujours votre cœur.« Den Zettel habe ich heute noch.

WE-Q BRAUCHT ME-Q: WIR-INTELLIGENZ BASIERT AUF SELBST-INTELLIGENZ

Die Umwälzungen, in denen wir teilweise schon stecken und die in noch viel dramatischerer Art und Weise rasend schnell auf uns zukommen, zwingen uns zum Umdenken. Hinsichtlich Unternehmenskultur, Führungspersönlichkeiten, Managern und Mitarbeitern.

Die erfolgreichen Start-ups haben da etwas entdeckt, das andere meines Erachtens noch lernen müssen. Freiheit macht kreativ. Freude motiviert. Sinn schafft Durchhaltekraft. Wollen wir den Tsunami der vierten industriellen Revolution durchstehen, müssen wir resilient, kooperativ, agil und selbstreflektiert sein. Allein schafft das niemand. Wer nicht fähig ist, im Team zu denken und zu handeln, geht unter. Hochgradig diversifizierte Teams sind heute Schlüssel zum Erfolg. Um die Weisheit des Teams anzuzapfen und das Potenzial zu entfalten, gilt es, die Wertewelten der einzelnen Teamplayer zu erkennen, um dann gemeinsame Wertewelten schaffen zu können. Das setzt einmal voraus, dass ich meine eigenen Werte erkenne. Das klingt einfacher, als es ist. Der libanesische Dichter Khalil Gibran hat das vortrefflich auf den Punkt gebracht: »Nur einmal war ich sprachlos. Es war, als man mich fragte: Wer bist du?«

Diese Frage wird immer wichtiger, denn die typische Karriere auf der Leiter gehört der Vergangenheit an. Wir müssen immer wieder umdenken, wendig sein und ein Leben lang Neues lernen. Das bedeutet auch, dass wir uns nicht mehr auf dieselbe Weise mit unserem Beruf identifizieren können. Stattdessen werden wir immer schneller die Rollen wechseln müssen, ob wir wollen oder nicht. Besser ist, wir legen das protestantische Arbeitsethos ab, das Max Weber beschrieben hat. Wir »leben nicht mehr, um zu arbeiten«, wie Baxter das verlangte, sondern schaffen eine Identität, die über unsere Berufsrolle hinausgeht. Jetzt leben wir, während wir arbeiten. Mit Freude und Sinnhaftigkeit. Wir legen das enge Korsett ab, das uns seit der ersten industriellen Revolution dazu drängte, uns selbst auszubeuten. Es kann nicht mehr darum gehen, Arbeit auszuhalten, von der wir uns entfremdet fühlen, weil sie uns nicht erlaubt, uns als ganze Menschen einzubringen. Wenn wir so arbeiten, dann sind wir bereit für die neuen Anforderungen. Wir *sind* nicht unsere Arbeit. Identität beruht nicht mehr allein auf Arbeit und Leistung. Wir wählen diese, weil sie uns gefällt, weil sie uns erfüllt, weil wir uns als ganze Menschen einbringen können. Weil wir reife, voll entwickelte, fühlende und leidenschaftliche Wesen sind.

Zu schön, um wahr zu sein? Nein. So zu leben ist uns allen möglich. Gewisse Menschen sind durch ihren Lebensweg und die Erfahrungen – schöne und weniger schöne – so geworden. Andere setzen sich ganz bewusst mit sich selbst auseinander und gelangen dorthin. Allen gemeinsam ist, dass sie ihre eigene innere Landschaft gut kennen.

Ich hatte das große Privileg, über 15 Jahre an der Spitze von Unternehmen mit außergewöhnlich erfolgreichen Führungskräften zu arbeiten. In dieser Zeit wurde mir immer wieder ein gut gehütetes Geheimnis anvertraut: dass nämlich hinter diesem Erfolg trotzdem oft eine tiefe Leere steht. Dabei bin ich zu einigen Erkenntnissen gekommen.

DIE MACHT DER SELBSTERKENNTNIS

1. Erfolg bedeutet nicht Erfüllung.
2. In der Macht zu sein heißt nicht, in der Kraft zu sein.
3. Selbstbewusstsein ist nicht gleich Selbstwahrnehmung. In der englischen Sprache ist das vielleicht etwas verständlicher: *from selfconfidence to selfconsciousness.*
4. Die eigenen Stärken zu kennen bedeutet nicht, die eigenen Bedürfnisse zu kennen. Wir wissen, was der Kunde, Mitarbeiter, die Familie oder der Partner brauchen, aber was wir brauchen, wissen wir meist nicht.
5. Die persönlichen Ziele zu kennen heißt nicht, die eigenen Motive zu kennen.
6. Und am Leben zu sein heißt nicht, lebendig zu sein.

Um die eigene Identität zu entdecken, muss man wirklich vom Außen ins Innen kommen – vom Ego ins Selbst.

LIFE-COACHING

Manchmal, in Zeiten des Umbruchs, ist es gut, einen Sparringspartner zu haben. Jemanden, der im Gespräch mit mir nachfragt, bestätigt, fordert und spiegelt und gleichzeitig auf meiner Seite ist. »Schließlich kann man sich selbst nicht auf den Kopf schauen«, schreibt Büchner in *Leonce und Lena.* Und Bill Gates meint ganz direkt: »Jeder braucht einen Coach.«

Life-Coaching hat in der großen und unübersichtlichen Landschaft der Coaching-Angebote eine Sonderstellung. Coaching wird normalerweise als berufsbezogene Beratung definiert. In der Praxis kommen aber oft persönliche Themen hoch. Führungskräfte, die eine hohe professionelle Verantwortung tragen, sind nicht nur mit ihrer Fachkompetenz herausgefordert, sondern mit ihrer ganzen Persönlichkeit. Die eigene Person ist ein ganz wesentliches »Instrument« ihres Handelns. Dieses »Instrument« kennenzulernen, weiterzuentwickeln, zu schützen und zu pflegen dient nicht nur dem individuellen Wohlbefinden, sondern fördert auch die professionelle Qualität.

Warum kommt jemand in ein Coaching? Meist liegt eine spezifische Krise vor, es zeigen sich Schwierigkeiten im Umgang mit sich oder anderen, es treten Fragen hinsichtlich der weiteren beruflichen Ausrichtung auf und vieles mehr. Coaching will Ressourcen aktivieren, damit die anstehenden Themen kreativ bewältigt werden können. Life-Coaching geht dabei etwas weiter als das traditionelle Business-Coaching. Es lotet den Horizont in doppelter Richtung aus, da es sich auf den gesamten Lebenszusammenhang eines Menschen bezieht und sich an den ganzen Menschen in all seinen Dimensionen richtet. Sicherlich geht es um Erfolg, Effektivität und Effizienz, aber auch um die emotionalen Aspekte und die Art und Weise, wie die berufliche Arbeit erlebt wird.

Wie können im Berufsalltag Sinn, Glück und Verantwortung gefunden, geschaffen und erlebt werden? Wissen aus Wirtschaftswissenschaften, Betriebswirtschafts-, Organisations- und Managementlehre werden im multidisziplinären Ansatz des Life-Coaching genauso fruchtbar gemacht wie neueste Erkenntnisse aus Soziologie, Psychologie und Philosophie.

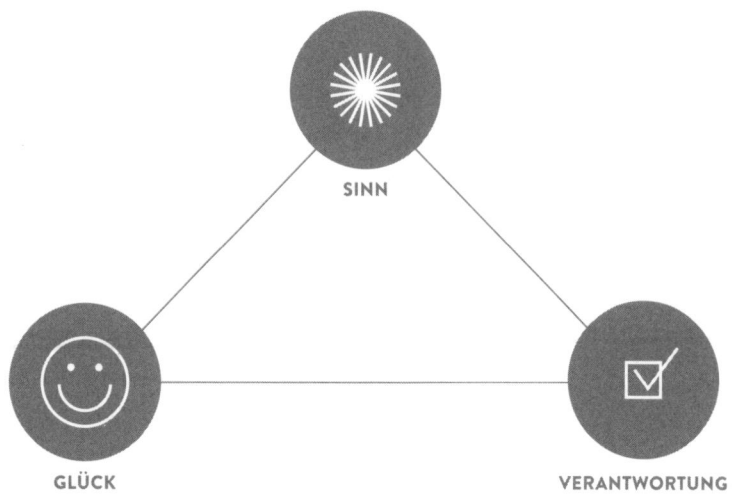

SINN

GLÜCK

VERANTWORTUNG

ANLEITUNG ZUR SELBSTSORGE

Ein ganz wesentliches Augenmerk gilt im Life-Coaching der Selbstsorge. Wir könnten es auch Self-Management nennen, aber dies würde genau wieder eine Distanz schaffen zwischen dem, was man erreichen will, und dem ureigenen Erleben. Selbstsorge: Vielleicht können sich Frauen auf Anhieb etwas besser mit diesem Wort anfreunden als Männer. Und gerade dem knallharten Manager alter Schule dürfte der Ausdruck etwas suspekt erscheinen. Dabei hat Selbstsorge eine bedeutsame abendländische Tradition, die leider etwas in Vergessenheit geraten ist. Was den Philosophen der Antike noch ein Anliegen war, wird heute verpönt: Man kann es als »Lebenskunst« zusammenfassen. In unserer Zeit war es ein Franzose, wahrscheinlich kein Zufall, der sich wieder damit zu beschäftigen begann: der Philosoph Michel Foucault. Er stellte zum Beispiel heraus, dass gerade Führungskräfte nur dann legitimiert sind, andere zu führen, wenn sie sich auch selbst führen können. Das wiederum setzt voraus, dass sie ein hinreichendes

Maß an Selbstreflexion besitzen. Dass Selbstreflexion ihnen zur zweiten Natur geworden ist. Dabei ist Selbstsorge immer auch Fremdsorge, und Selbstverantwortung ist Fremdverantwortung – alle zusammen können nicht unabhängig voneinander gedacht werden. Denn wie meint dazu auch Gerald Hüther: »Wir können nur über Beziehungen zu dem werden, was wir sind. Ohne Beziehung verlieren wir unsere Begeisterungsfähigkeit und unseren Entdeckergeist.« Doch: Nur wer sich selbst versteht, kann auch andere verstehen und entsprechend agieren. Diese Grundlage, Verbundenheit aufzubauen, schaffe ich, indem ich mein sogenanntes Selbst erkenne.

DAS SELBST UND DAS ICH

Was aber ist überhaupt dieses Selbst? Umgangssprachlich scheint das klar zu sein, in der Fachliteratur gibt es jedoch viele verschiedene Definitionen. Ich möchte mich hier an die Definition des Psychoanalytikers Heinz Kohut (1913–1981) halten, der das Selbst folgendermaßen vom Ich abgrenzt:

Die Ich-Funktionen betreffen die äußeren zu lernenden Kompetenzen, die einem insbesondere im beruflichen Leben abverlangt werden und relativ mühelos erlernt werden können. Das Selbst stellt den Bereich des inneren Lebens dar, ein grundlegendes Wertgefühl, als einmalige Person in dieser Welt zu stehen. Diese Funktionen sind durch emotionale, ganzheitliche Erfahrungen entstanden. Gesellschaftlich gefordert ist von früher Kindheit an vor allem das Ich. Das Selbst entdecken viele Menschen erst spät – nicht selten über die Wiederentdeckung einer Kindheitserinnerung.

Gerade beim Coaching von beruflich erfolgreichen Klienten ist diese Unterscheidung sehr wichtig: Leicht könnte übersehen werden, dass der äußere Schein des Ichs die andere Seite der Person, das Selbst, überspielt oder gar unterdrückt, sodass sich der Mensch nicht weiterentwickeln kann. Hinter dem Glanz einer Führungs-persönlichkeit verbirgt sich nicht selten ein leicht kränkbares Selbst, das sich eigentlich danach sehnt, sich entfalten zu dürfen. Die beste Unterscheidung dieser zwei Pole habe ich nicht in meiner Coaching-Ausbildung gelernt, sondern an der Schauspielschule bei Susan Batson in New York. Susan Batson ist eine winzige Frau auf Tiger-Plateauschuhen mit langjähriger Erfahrung und gewaltiger Ausstrahlung. Laut Wikipedia gehört sie zu den bedeutendsten Schauspiel-Coaches und arbeitet mit Größen wie Nicole Kidman, Sean Penn und Juliette Binoche. Damit diese Schauspieler überzeugende Arbeit leisten können, müssen sie sowohl in die Ursprünge der Schmerzwelt eintauchen wie auch die »Public Persona« erfassen. Zwei Tage Susan Batson sind fast wie eine Psychotherapie oder ein Super-Coaching. Jedenfalls ist es eine intensive Erfahrung, mit ihr die innere Landschaft zu beschreiten und diese zwei Pole zu ergründen.

Es ist ganz typisch für die heutige Zeit, dass diese Pole auseinanderdriften. Ja, es wird geradezu gefördert durch bessere Aufstiegschancen und in Form von Lohnerhöhungen und Superboni. Überidentifikation mit der Berufsrolle bringt das äußere Berufs-Ich zum Aufblühen, das innere Selbst bleibt dabei oftmals auf der Strecke. So macht man sich abhängig vom äußeren Bravo der anderen, von beruflichen Erfolgen. Dabei wird man unter Umständen zum Workaholic, was einem auch lange Zeit gedankt wird. Denn das ist ein hoch erwünschtes Verhalten in unserer Leistungsgesellschaft. Der Crash kommt dann in Form eines Burn-outs oder aber mit einer völligen Orientierungslosigkeit, wenn man den Job verlieren sollte. Dann bricht alles weg, weil man sich nur mit dem äußeren Ich identifiziert, das innere Selbst, die Beziehung zu sich und anderen aber sträflich vernachlässigt hat. Das ist die Gefahr dieses *Außen-plenty-innen-empty*-Lebens. In diesem Sinne liegt es in der Verantwortung eines Coaches, immer beide Seiten, das Ich und das Selbst, zu stützen, zu fördern, transparent zu machen und weiterzuentwickeln. In diesem Sinne ist Life-Coaching eine Anleitung zur Selbstsorge, wobei verborgene Dynamiken und Gefühle wahrgenommen und thematisiert werden. Im Interesse eines stabilen Gleichgewichts gilt es, äußere Ich-Funktionen und inneres Selbsterleben zusammenzufügen.

Selbstsorge bezieht sich also auf beide Pole, auf die ganze Person mit allen Anteilen und Dimensionen. Ziel soll die Integration und die Verbundenheit dieser Dimensionen sein.

Denn ein Mensch, der in diesem Sinne im Gleichgewicht ist, ist ein glücklicher, verantwortungsvoller Mensch, der seinem Leben Sinn abgewinnen kann. Das bringt unter Umständen vieles in Gang. Verschüttete Wünsche können nach oben dringen, nicht mehr notwendige Verhaltensmuster abgeschüttelt und ganz neue Wege eingeschlagen werden.

SINN, GLÜCK UND VERANTWORTUNG IM LIFE-COACHING

Es hilft nicht viel, über den Sinn nachzudenken. Man muss ihm nachspüren, ihn empfinden. Denn der Sinn ist auch sinnlich, sinnhaft.

Wir Menschen sind wohl die einzigen Lebewesen, die in der einen oder anderen Weise versuchen, unserem Leben einen Sinn zu geben. Wir fragen nicht immer nach dem Sinn unseres Tuns, insbesondere dann nicht, wenn alles rundläuft. Gerät aber plötzlich etwas aus den Fugen, erleben wir eine größere Veränderung, etwa eine Enttäuschung oder einen Schicksalsschlag, dann kommt sie wieder, die nagende Frage. Oder wir befinden uns in der Lebensmitte, werden uns der zeitlichen Begrenzung unseres Lebens bewusst und kommen ins Grübeln. Soll das schon alles gewesen sein? Was möchte ich noch verwirklichen? Habe ich mich beruflich so entwickelt, wie ich mir das vorgenommen habe? Oder würde ich gern mal etwas ganz anderes machen? Und privat? Führe ich eine erfüllte Beziehung? Macht mein Leben so noch Sinn? In diesen Momenten können wir uns dann plötzlich nicht mehr an dem orientieren, was vorher Gültigkeit hatte, und unversehens befinden wir uns in einer Lebensphase des großen Umbruchs, ohne es gleich als Lebenskrise bezeichnen zu wollen.

Grundsätzlich lassen sich verschiedene Ebenen von Sinn oder Sinnhaftigkeit unterscheiden: die Ebene des konkreten Handelns, die Ebene des Lebensganzen und die universale, kosmische Ebene. Je tiefer die Ebene, desto einfacher finden wir Antworten. Normalerweise weiß ich, warum ich beispielsweise am Morgen aufstehe. Die zweite, lebensübergreifende Sinnfrage wird schon etwas vertrackter. Je vertiefter man diese Frage stellt, desto mehr können Inhalte plötzlich ins Wanken geraten, die vorher als selbstverständlich galten. Die letzte Ebene ist das Spirituelle. Ist jemand auf dieser Ebene stark verankert, können auch die anderen zwei Ebenen von dieser durchdrungen werden, da die spirituelle Sicht auf sich und die Welt generell sinnstiftend wirkt.

Wagen wir es, uns mit diesen Fragen auseinanderzusetzen, wird unser Leben reicher. Der Psychologe Reinhard Tausch postuliert sogar, dass es zwischen Sinnhaftigkeit und psychischer Gesundheit einen Zusammenhang gibt. Deutlich wird das auch darin, dass ein Mensch, der über längere Zeit keinen Sinn mehr in seinem Leben sehen kann und dazu beispielsweise über Gefühllosigkeit klagt, als klinisch depressiv gilt.

Menschen in Extremsituationen haben überlebt, weil sie eine Antwort auf die Frage »Warum?« gefunden haben. Viktor E. Frankl, der Gründer der Logotherapie, beschreibt das eindrücklich in seinem Buch ... *trotzdem Ja zum Leben sagen.* Meine Patentante hat Verwandte, die im Zweiten Weltkrieg in Kriegsgefangenschaft waren.

Ihre unspektakuläre Art zu erzählen geht mir unter die Haut. Da schwingt kein Groll mit. Keine Bitterkeit. Kein Zerbrechen. Sie haben alle verschiedene Geschichten. Aber was sie gemeinsam haben: Sie haben überlebt, weil die Sinnhaftigkeit sie geleitet hat. Ich kann die Größe dieser Atmosphäre, die ich erlebt habe während ihrer Erzählungen, nicht schildern. Friedrich Nietzsche hat gesagt: »Wer ein Warum zum Leben hat, erträgt fast jedes Wie.« Viktor E. Frankl, selbst ein Holocaust-Überlebender, hat sich dieses Zitat als Leitsatz zu eigen gemacht.

Grundsätzlich kann man die Sinnfrage auf verschiedene Weisen angehen: Man kann Teil eines Gefüges werden, das Sinn vorgibt, beispielsweise eine religiöser Gemeinschaft. Oder aber sich selbst einen Sinn schaffen. Das ist nicht immer leicht. Doch gerade in unseren postmodernen Zeiten sind wir mehr denn je gefordert, uns selbst einen individuellen Sinn zu geben. Das bringt zwar Freiheit, aber diese Freiheit hat auch ihren Preis. Es lohnt sich dennoch in jedem Fall, sich damit auseinanderzusetzen. Im Life-Coaching sehen wir dabei immer zwei Seiten der Sinnhaftigkeit: einerseits die Vernunft, die in rationaler Weise einen Sinn zuschreibt, andererseits die konkret mit den Sinnen erlebte Sinnhaftigkeit, die Sinnlichkeit. Sinn kann somit, wie es das Wort offenlässt, sinnlich, körperlich, geistig und rational empfunden – und geschaffen werden!

Manchmal denke ich, es ist der größte Fehler, den man im Leben begehen kann: etwas zu tun, ohne ihm einen Sinn zu geben.

DIE EWIGE SUCHE NACH DEM GLÜCK

Wir alle streben nach Glück. Aber was heißt Glück? Jedes Jahr erscheinen Dutzende von Ratgebern, wie wir glücklicher werden können. Das Thema findet reißenden Absatz auf dem Buchmarkt. Obschon wir noch nie so wohlhabend waren und noch nie eine so hohe Lebenserwartung hatten. Aber offenbar reicht das nicht. Wir wollen mehr. Und wissen oftmals gar nicht so recht, was genau. Dieses »Mehr« ist auf der Suche nach Glück nicht einzuspielen. Dieses Mehr weist auf den Sinn zurück, der das Glück trägt und begründet. Denn der Sinn ist es, der uns immer mit einem Mehr, etwas Größerem verbindet.

Was ist Glück? Dass wir hier und nicht in den Slums von Kalkutta geboren worden sind? Dass wir eine Ausbildung bekommen haben? Oder ist es der Augenblick, wenn man sich nach einem gelungenen Projekt, dem ersten Date oder einem überstandenen Abenteuer zum ersten Mal in die Arme fällt? Glück gehabt, sagen wir, wenn wir es gerade noch ins Haus geschafft haben, bevor der große Regen losbricht. Glück scheint auf der einen Seite etwas nicht Steuerbares zu sein, etwas, das uns zufällt. Auf der anderen Seite, sagten schon die Römer, seien wir unseres Glückes Schmied. Und das ist es, woran ich glaube. Es liegt in unserer Hand, wie wir umgehen mit dem, was uns gegeben worden ist und was uns widerfährt.

»WAS DU ERERBT VON DEINEN VÄTERN HAST, ERWIRB ES, UM ES ZU BESITZEN.«
— JOHANN WOLFGANG VON GOETHE; *FAUST I*

Dabei kann Glück ein ganz kurzer Moment sein oder auch etwas Fortdauerndes, das wir als gelingendes Leben bezeichnen könnten. Und das macht uns auch widerstandsfähig für die starken und weniger starken Böen, den Gegenwind in Beruf und Alltag.

Martin Seel unterscheidet in seinem Buch *Versuch über die Form des Glücks* verschiedene Formen:

Glück als Wunscherfüllung
Glück als Selbstbestimmung
Glück als gelingende Welterschließung
Glück als erfüllter Augenblick

Letztlich aber definiert jeder Mensch selbst, was er darunter versteht. Wichtig ist, dass man sich Gedanken darüber macht, was man sich darunter vorstellt. Selbstsorge zielt auf ein glückliches Leben ab. Das heißt aber nicht, dass dies ein Leben ohne Schattenseiten und Widersprüche wäre. Schicksalsschläge wie etwa Jobverlust, Todesfälle, Krankheiten oder sonstige schmerzliche Erfahrungen gehören genauso zum Leben wie alles Schöne. Mittels der Selbstsorge lernen wir aber, mit den Schwierigkeiten umzugehen und das Schöne bewusst zu genießen. Die Bedingungen dafür, dass Glück bewusst erlebt werden kann, müssen geschaffen werden. Das ist Lebenskunst. Dabei geht es nicht um das Anhäufen maßlosen Vergnügens. Nein, es geht um einen verantwortungsvollen und sinnvollen Lebensstil.

Es geht um das, was die alten Griechen als »Ethos« bezeichneten: den *Way of Life*.

VERANTWORTUNG

Verantwortung, Glück und Sinnhaftigkeit bilden bei einer gelungenen Lebensführung eine ausgewogene Triade. Einerseits gilt es, für die eigenen Entscheidungen und das eigene Handeln Verantwortung zu übernehmen. Wir Menschen sind soziale Wesen, und die Goldene Regel der Ethik besagt, dass wir anderen nicht zufügen sollen, was wir selbst nicht zugefügt bekommen wollen. Wir sind von anderen abhängig, und andere sind von uns abhängig. Dieses Gefüge wird zerstört, wenn wir beim Denken über uns selbst das Gemeinwohl nicht mitberücksichtigen. Wir Menschen haben die Gabe der Empathie, wir können uns in andere hineinversetzen und uns vorstellen, was diese Menschen empfinden. Daraus ergibt sich moralisches Handeln, und je mehr Verantwortung ich für andere habe, desto größer wird meine Pflicht, über das Wohl der anderen nachzudenken und meine Handlungen zu hinterfragen. Für den Repräsentanten einer größeren Organisation in Wirtschaft oder Politik gilt dies ganz besonders. Die globale Vernetzung, die komplexer werdende Welt stellen dabei große Herausforderungen an uns alle – insbesondere an die Entscheidungsträger.

Life-Coaching will ein geschützter Ort sein, wo solche Themen aufgenommen und diskutiert werden können. Es wird ein Raum geschaffen, in dem losgelöst von alten Mustern nachgedacht wird über die möglichen Konsequenzen des eigenen Handelns. Oft muss man das Selbst unter einem ganzen Haufen moralischer Prinzipien, politischer Meinungen und alltäglicher Denkgewohnheiten freischaufeln. Und in der Sicht des Selbst leuchtet dann erst auf, wofür man wirklich Verantwortung übernehmen will. Wofür man selbst verantwortlich ist.

WIDERSTANDSKRAFT UND STRESSBEWÄLTIGUNG

Neben hoher Agilität und Wendigkeit wird höchste Widerstandskraft gefordert, gerade in Zeiten, in denen einem ein heftiger und eisiger Wind entgegenweht. Nicht alle Menschen reagieren gleich auf Stress. Einige werden beispielsweise schneller krank als andere, andere sehen den sich kumulierenden Druck als Herausforderung. Die Psychologin Suzanne Kobasa spricht in diesem Zusammenhang von der Persönlichkeitseigenschaft *Hardiness*, zu

Deutsch Widerstandsfähigkeit, die aber nicht als statische Charaktereigenschaft zu sehen ist. Vielmehr ist Kobasa überzeugt, dass Eigenschaften persönliche Stile sind, die sich durch die Auseinandersetzung des Individuums mit der Umwelt dynamisch entwickeln. Aaron Antonovsky (1923–1994), Erforscher der Gesundheitsentstehung (Salutogenese), beschreibt Menschen mit hoher Widerstandsfähigkeit als neugierig auf das Leben, sie engagieren sich in verschiedensten Lebensbereichen. Das wiederum setzt die Fähigkeit voraus, einerseits von der Bedeutung der eigenen Person, des eigenen Handelns und der eigenen Entscheidungsfähigkeit überzeugt zu sein und andererseits soziale Verantwortung zu übernehmen.

Personen mit hoher Widerstandsfähigkeit fühlen sich von Lebensveränderungen herausgefordert, empfinden Änderungen sogar als normal und spannend, ja als Chance für inneres Wachstum und nicht etwa als Bedrohung der eigenen Sicherheit. Sie suchen aktiv nach neuen Erfahrungen und sind in der Lage, mit unerwarteten Situationen umzugehen, zeigen Offenheit und kognitive Flexibilität. Veränderung wird als normative Lebensweise betrachtet.

Es versteht sich von selbst, dass ein solchermaßen widerstandsfähiger Mensch stabiler im Gegenwind steht und mit Stress ganz anders umgehen kann. Interessant hierzu ist das transaktionale Stressmodell von Richard Lazarus und Susan Folkman. Es setzt die objektive Belastungsseite dem subjektiven Bewältigungsprozess entgegen. So gesehen ist Stress keine unveränderliche Einflussgröße, sondern verändert sich durch die Informationsverarbeitung des Individuums und durch situationsbezogene Variablen. Konkret: Ein Mensch erfährt Stress, beispielsweise weil er die Hälfte seines Teams abbauen muss. Nun werden gemäß diesem Modell zwei Bewertungsebenen unterschieden: Einerseits wird die Situation bewertet, andererseits die Wirkung, die diese Situation auf den betroffenen Menschen hat. Dabei werden auch die vorhandenen persönlichen und sozialen Ressourcen analysiert, und dann wird erwogen, ob man die Situation allein bewältigen kann oder ob man Unterstützung braucht. Ein Coach kann sowohl bei der Analyse als auch bei der Auswahl möglicher Bewältigungsstrategien sehr hilfreich sein.

SINN KANN MAN NICHT SUCHEN, MAN MUSS IHN FINDEN

Sich an einen Coach zu wenden ist für viele noch ein Tabu. Und ein Psychotherapeut kommt schon gar nicht infrage. Lieber mauern und durchstehen als eine vermeintliche Schwäche zeigen. Es gibt das Gefühl,»nicht in Ordnung zu sein«. Ich jedenfalls hatte dieses Gefühl, als ich im Rahmen meiner Coaching-Ausbildung zahlreiche Stunden der Selbsterfahrung vorweisen musste. Dabei war das nichts anderes, als was ich in der Führungsausbildung der Swissair machen durfte: die Begegnung mit mir selbst. Ich finde, genau in solche Ausbildungen sollte investiert werden. Diese Kompetenzen werden einem nicht in die Wiege gelegt, aber trotzdem allzu oft als selbstverständlich vorausgesetzt.

Der Arbeitspsychologe und Wirtschaftsmediator Helmut Graf spricht in diesem Zusammenhang in Anlehnung an den Psychiater Viktor E. Frankl von »kollektiven Neurosen«. Und sicherlich weiß jeder, der schon einmal in Großkonzernen gearbeitet hat, wovon die Rede ist. Mit einer solchen Arbeitshaltung werden weder die Probleme von morgen gelöst, noch tut man sich selbst einen Gefallen. Denn wer so arbeitet, ist seiner Arbeit und seiner selbst entfremdet und sieht keinen Sinn mehr. Sicher nicht in der Arbeit und vielleicht überhaupt nicht mehr im Leben. Sinn schafft sich aber nicht von selbst. Und die heutige Umwelt trägt auch nicht gerade dazu bei, sinnstiftend zu wirken – zu komplex sind die globalen Verknüpfungen, zu undurchsichtig, was wie von wem beeinflusst wird.

Dennoch – und umso mehr: Manager können einiges dazu beitragen, sinnstiftend zu wirken: Als Vorbild, indem sie beispielsweise ethisch richtig handeln, zwischenmenschliche Beziehungen ernst nehmen und ein Umfeld schaffen, in dem Werte erlebbar und verwirklicht werden. Was die Teamführung anbelangt, sieht Helmut Graf, Autor des Buchs *Die kollektiven Neurosen im Management*, drei Pfeiler, welche zu einer sinnhaltigen Kultur beitragen:

> Jedes Teammitglied sollte befähigt werden, seine Fachkompetenz und sein Leistungspotenzial auszuleben, Ideen vorbringen zu dürfen und seine Arbeit auch zum Wohle anderer zu tun.

> Menschliches Miteinander und Offenheit (das wird zwar oft postuliert, selten aber wirklich gelebt).

> Arbeiten an der eigenen Einstellung, akzeptieren, was man nicht ändern kann, und dennoch dafür sorgen, dass man nicht innerlich kündigt und sich als Opfer sieht.

Man würde meinen, das sei alles selbstverständlich. Graf belegt allerdings das Gegenteil. Eine ihm vorliegende interne Untersuchung in einem Industrieunternehmen aus dem Jahr 2006 zeigt, dass rund ein Drittel aller Führungskräfte diese drei Punkte in ihrem Betrieb als nicht erfüllt sehen. Folge dieser Umstände sind Demotivation und innere Kündigung.

Eine Führungskraft aber, die für sich selbst den Sinn gefunden hat und benennen kann, hat die Kraft, ein Team aus dieser Lethargie herauszuholen. Manchmal könnte es sogar günstig sein, ganz offen die Sinnfrage mit einem Team in einem Workshop zu stellen und zu besprechen. Selbst wenn manch einer tuschelt: »Haben wir nichts anderes zu tun?«, könnte der langfristige Erfolg für sich sprechen. Manchmal ist ja auch ausgelacht zu werden ein Hinweis darauf, dass man auf dem richtigen Weg ist: raus aus der Kiste und in Richtung Zukunft.

»ZUERST IGNORIEREN SIE DICH, DANN LACHEN SIE ÜBER DICH, DANN BEKÄMPFEN SIE DICH UND DANN GEWINNST DU.«

— MAHATMA GANDHI

DER NÄHRBODEN FÜR MOTIVATION

Managementratgeber zum Thema Motivation gibt es wie Sand am Meer. Denn was ist mühsamer, als ein demotiviertes Team hinter sich herzuschleppen? Oder jeden Morgen gegen die eigene frustrierte Lähmung anzukämpfen, wenn man ans Büro denkt? Wir alle wissen, dass seit den 1950er-Jahren immer wieder neue Motivationstheorien entwickelt worden sind. Noch heute wird Abraham Maslow (1908–1970) mit seiner Bedürfnispyramide gern zitiert. Empirisch erwiesen ist bis heute aber nur ein Modell, nämlich dasjenige von David McClelland (1917–1998), bekannt als The Big Three (B3), publiziert 1985 in *American Psychologist*:

> Das Leistungsmotiv
>
> wird in Situationen angeregt, wo man die eigenen Fähigkeiten unter Beweis stellen und sogar steigern kann. Wenn dieses Motiv besonders ausgeprägt ist, möchte man wissen, wie gut man in etwas sein kann, und man sucht nach Wegen, sich selbst zu verbessern.

> **Das Machtmotiv**
  kommt zum Zuge, wenn man Einfluss und Kontrolle auf andere ausüben kann, indem man das Verhalten und Erleben anderer steuert. Menschen mit dieser Ausprägung gestalten gern
  Organisationen und möchten wichtig sein.
> **Das Anschlussmotiv**
  wird im Umgang mit fremden oder wenig bekannten Personen
  aktiv. Menschen mit dieser Ausprägung empfinden es als be-
  friedigend, wenn sie gute Beziehungen zu anderen aufbauen
  können.

Interessant ist, dass es McClelland an der Harvard Medical
School gelungen ist, den Nachweis zu erbringen, dass diese Motive
mit der Ausschüttung bestimmter Neurotransmitter verbunden
sind:
> Im Falle des Leistungsmotivs werden Vasopressin und Arginin
  ausgeschüttet,
> beim Machtmotiv sind es Epinephrin und Norepinephrin,
> beim Anschlussmotiv Dopamin.

Das wird als Beweis für die empirische Existenz dieser Motive gesehen, im Gegensatz zu den philosophisch vermuteten oder statis-
tisch ermittelten Motiven.

Das ist schön und gut. Aber was nützt uns diese Erkenntnis im
Berufsalltag? Wollen wir den jeweiligen Typen entsprechende Me-
dikamente geben? Wohl kaum. Ich möchte hier nicht alle weiteren Motivationstheorien aufzählen, denn letztlich sind sie zum
einen kaum erwiesen. Zum anderen bin ich überzeugt, dass eine
Führungskraft, welche die Triade Sinn – Glück – Verantwortung
bei sich entwickelt hat, glaubhaft lebt und vorlebt, in der Konse-
quenz ein hoch motiviertes Team hinter sich schart. Denn wenn

sich jemand in dieser Weise bewusst ist, was die eigenen Antriebskräfte sind, die eigenen Gefühle, die Sinnhaftigkeit des Tuns mutig hinterfragt und durch die eigene Glückserfahrung eine positiv ansteckende Ausstrahlung hat, kann er andere begeistern. Ein solchermaßen kraftvoller, authentischer und reifer Mensch hat die natürliche Autorität, um einem Team die nötige Orientierung und Ermächtigung zu vermitteln, das Beste zu geben, um durch die Stürme der bevorstehenden Zeiten zu segeln.

Das solchermaßen geführte Team weiß: Wir sind nicht die Opfer der Zukunft, sondern ihre Gestalter. Wir haben es in der Hand, unseren persönlichen Beitrag zu leisten. Wir wissen, warum und wofür wir uns einsetzen, und haben dabei auch das Gemeinwohl vor Augen. Die Teammitglieder wissen das alles, weil sie in dieser Leadership-Kultur mit Wertschätzung und Respekt behandelt werden. Sie sind informiert über die Ziele, zu denen sie sich auch äußern und die sie mitgestalten dürfen. Sie haben einen großen, klar definierten Handlungsspielraum und bekommen genügend Lob und Anerkennung, wenn etwas gut gelungen ist. Bei Fehlern denkt das ganze Team lösungsorientiert, und bei Kritik verliert niemand das Gesicht. Die Werte und die Sinnhaftigkeit werden diskutiert und gelebt, Erfolge gemeinsam gefeiert. So führt ein reifer Mensch ein Team. Und er scheut sich nicht, eigene Fehler zuzugeben und das Team nach oben zu verteidigen, falls das nötig sein sollte. Der reife Leader ist ein Mensch, der stark ist, weil er auch einmal Schwäche und Gefühle zeigen kann und auch keine Angst hat vor den Gefühlen seiner Mitarbeiter. So entstehen Leidenschaft und Feuer, so kann Großes erreicht und so können Klippen gemeinsam umschifft werden. So ein Leader, so ein Manager, so ein Mensch lebt vor, dass er seine Identität nicht einfach aus seiner Berufsrolle und seiner Position zieht, sondern aus sich selbst.

── IDENTITÄT JENSEITS VON BERUFSROLLE UND ERFOLG

Dieser Mensch identifiziert sich nicht mehr hundertprozentig mit der Arbeit. Denn sein Ich und sein Selbst sind in Einklang und in dynamischer Balance. Arbeit kann erfüllend oder glücksbringend sein, aber sie ist nicht mehr Lieferant der Identität. Ich bin nicht meine Arbeit, ich bin mein Selbst. Dieses Selbst, das nicht näher beschrieben werden muss, das für jeden vielleicht etwas anderes bedeutet. Aber das man spüren kann, physisch spüren sogar, wenn man einen Moment innehält, in sich hineinhorcht, wieder bei sich ankommt. Sich als ganzer, als reifer Mensch wahrnimmt mit all seinen Gefühlen, mit seinen Sorgen, seinen Glücksmomenten und seinen Ängsten. Was halt eben gerade da ist. Identität ist Sein, Selbst-Sein. Das Wertvollste, das es gibt und um das wir uns kümmern müssen. In meinen taoistischen Studien gibt es den zentralen Satz:

Arrive at a place, which you have never left: yourself.

Genau das geschieht in Coachings: Die eigene Landschaft durchwandern, um dort anzukommen, wo wir nie weggegangen sind – bei uns selbst. Das ist das Ziel.

Welches also ist Ihr Antrieb? Was liegt Ihnen tief und fest am Herzen? Wofür stehen Sie? Und was würden Sie mit Ihrem Leben verteidigen? Was ist allenfalls verhandelbar?

Ich nenne das an Ihren Kern gelangen. Ihr ganz persönliches Goldnugget finden. Und nun möchte ich Ihnen noch einmal ganz deutlich sagen: Dieses Goldnugget springt Ihnen nicht einfach entgegen und schreit: »HALLO! Ich bin Ihr Kern!«

Genau wie Gold mit viel Schweiß gesucht und der Erde abgerungen wird, muss auch dieser – vielleicht kostbarste – Teil, der Sie ausmacht, in Ihrer eigenen inneren Landschaft gesucht werden.

Und wenn man diesen Kern aufgespürt hat, gibt das Substanz. Dann füllt sich die Leere. Und das ist spürbar. Das inspiriert. Das hat eine Anziehungskraft. Dann folgen Menschen, weil sie wollen – und nicht, weil sie müssen. Und in einer Multi-Optionsgesellschaft ist das das Entscheidendste.

Schon die viel zitierte Inschrift am Apollotempel in Delphi forderte auf:»Erkenne dich selbst!«

Es war ein Orakelort. Der Satz will sagen: Wenn du dich selbst erkennst, erkennst du die Götter, das heißt die Zukunft. Und diese Aussage ist aktueller denn je. John Naisbitt, der berühmte Zukunftsforscher, sagt: Die größten Errungenschaften des 21. Jahrhunderts würden nicht durch die Technologie gemacht, sondern durch unser erweitertes Verständnis unseres Menschseins. Ich teile diese Ansicht. Es ist also unsere Verantwortung, in Aus- und Weiterbildungen, Leadership Seminaren und Management-Programmen dieses menschliche Können bei uns selbst und unseren Nachfolgern zu fördern. Wenn wir uns selbst erkennen, können wir das Gegenüber besser erkennen. Dann können wir – wenn wir wollen – bewusst und gezielt etwas Drittes, einen Raum des »Wir« herstellen. Diese Fähigkeit über sämtliche Grenzen, Sprachen, Kulturen, Generationen eine Verbindung herzustellen, zeichnet die Führungskräfte von heute und von morgen aus. Dann können wir Bedeutsames schaffen.

Ich bin der festen Überzeugung, dass es schlussendlich unser tiefes Bedürfnis ist, einen Unterschied zu machen – etwas zu hinterlassen, das größer ist als wir selbst. Etwas für sich selbst zu erreichen mag glücklich machen. Aber etwas für andere zu erreichen, hat das Potenzial uns zu erfüllen. Das Geheimnis liegt darin, zu unserem eigenen, tiefsten inneren Kern der menschlichen Anmut und Großzügigkeit zurückzukehren und zu entdecken, dass alles mit allem verbunden ist.

Wenn ich Sie also anregen konnte, über Ihr eigenes Goldnugget und dasjenige Ihrer Firma nachzudenken und Ihre inneren Radien des Denkens, Fühlens und Handelns zu einem Wir zu erweitern, dann habe ich mein Ziel erreicht.

Erkennen wir also uns selbst, damit wir das Gegenüber erkennen und dadurch etwas Drittes, das »Wir« schaffen können. Sorgen wir uns um unser Selbst, sorgen wir für die Anderen und für eine bessere Welt.

Vielleicht ist das ein Traum. Aber ich möchte alles Menschenmögliche tun, um diesen Traum wahr werden zu lassen.

—— DANK

Dieses Buch ist mit Leidenschaft, Begeisterung und Faszination entstanden. Es ist die Essenz vieler Überlegungen, Recherchen und so mancher Diskurse. Ich schreibe in der Hoffnung, Menschen zu inspirieren innere Radien des Denkens und Fühlens zu erweitern. Meine Sicht der Welt ist eine Reise, niemals Endstation. Insofern ist dieses Buch lediglich ein Ausschnitt. Dass er in dieser Form zur Sprache kommt, verdanke ich meinem Agenten, der gesagt hat: »Hey, Du musst ein Buch machen.« Oliver, Du bist ein Feuerwerk. Danke, dass Du diesen Funken in mir gezündet hast.

Mein Dank geht auch an meinen Verleger. Unsere erste Begegnung werde ich nie vergessen. München schmolz in der Sommerhitze. Und ich an einem kleinen Tischchen am Platzl. Während er mir mit seiner Philosophie klipp und klar erklärte, wo – wie man bei uns so schön sagt – Bartli den Most holt, lief mir der Schweiß den Rücken runter. Natürlich zuckte ich mit keiner Wimper. Eine halbe Stunde später hatte ich mündlich einen Vertrag. Christian, dein Vorschussvertrauen berührt mich heute noch zutiefst.

Es gibt Sätze, die begleiten einen durchs Leben. Und es gibt Begegnungen, die verändern das Leben. Als ich den Gründer des Zukunftsinstituts traf, gab's gleich beides. Ich war baff. Und entzückt. Matthias, Du eröffnest mir neue Dimensionen des Denkens. Dafür danke ich Dir.

Dann danke ich meinen Interviewpartnern. Sie sind allesamt Vor- und Nachdenker, Pioniere dieser Zeit und leidenschaftliche Vormacher. Von ihnen können wir lernen, wie man von der gigantischen Welle der atemberaubenden Möglichkeiten nicht überrollt wird, sondern erfolgreich auf ihr surft. Meine Damen und Herren, Sie haben mir in Gesprächen etwas vom Kostbarsten gewährt: Ihre Zeit, Ihre einzigartigen Geschichten und Ihre Gedanken. Ihr Geist weht zwischen allen Zeilen in diesem Buch.

Meine große Dankbarkeit geht an alle, die an dieser Publikation mitgewirkt haben. Das ist nicht mein Buch, sondern unseres. Viele Menschen aus aller Welt haben unter großem Zeitdruck recherchiert, mitgedacht, übersetzt, verifiziert, mitgeschrieben und mitgefiebert. Insbesondere danken will ich

> Thomas, der mit mir täglich – trotz Zeitverschiebung zwischen Europa und Asien – während Stunden via Skype Zahlen und Beispiele zusammengetragen hat, Gedanken durchgekaut hat und Fährten nachgegangen ist. Bis zum Schluss hast du unermüdlich mit Coolness und Spaß ohne Ende mitgewirkt. *You are simply great!*

> Christine, du hast mich während dieses großen Entstehungsprozesses begleitet. Und das mit einer unerschütterlichen Geduld, für die du den Oskar verdienst (sitze gerade in Hollywood, während ich das schreibe!). Mit Ruhe hast du mit mir im Lavendelhaus in Interlaken, im Münchner Biergarten und zwischen den Buchsbäumchen in meinem Garten die Strukturen entwickelt und das Terrain abgesteckt.

> Jürg und Franziska – ihr habt eine wahre Glanzleistung erbracht, nämlich in Rekordzeit das Ganze mit Eleganz, Tiefe und Esprit zusammenzuhalten. Zwischen dem Zürichsee und dem Kap der Guten Hoffnung habt ihr das schier Unmögliche möglich gemacht. Im Grunde genommen habt ihr zwei mit eurem Genius der Rasanz der Digitalisierung ein Schnippchen geschlagen. Ohne euch hätte ich es nicht geschafft.

Dann gebührt mein Dank meinen Freunden, allen voran Bruno, Gabriele, Alexandra, Esther und vor allem Ruth, für ihren unermüdlichen Austausch während Tagen und durchgearbeiteten Nächten. Ihr habt mich mit eurer fachlichen Expertise und eurer Freundschaft während kurzen Momenten des Zweifels und langen Momenten der totalen Überzeugung und des Ausnahmezustands begleitet.

Und schlussendlich danke ich Pjotti, welcher lange der Zeit voraus war und trotz gigantischem Erfolg immer bescheiden und Mensch geblieben ist. Von dir habe ich erfahren, was Sinn und Herzblut im Unternehmertum und im Leben sind.

—— LITERATUR

Viele Bücher und Vorträge haben mich dazu angeregt, dieses Buch zu schreiben. Hier eine Auswahl der wichtigsten Inspirationsquellen:

BÜCHER

Antonovsky, A.: Salutogenese. Zur Entmystifizierung der Gesundheit. DGVT-Verlag, Tübingen 1997

Aristoteles: Rhetorik. Reclam Verlag, Stuttgart 2011

Aristoteles: Poetik. Reclam Verlag, Stuttgart 1994

Berking, M.: Training emotionaler Kompetenz. Springer, Berlin 2010

Brynjolfsson E. u.a.: Race Against the Machine. How the Digital Revolution is Accelerating Innovation, Driving Productivity, and Irreversibly Transforming Employment and the Economy. Digital Frontier Press, 2012

Brynjolfsson E. u.a.: The Second Machine Age. Wie die nächste digitale Revolution unser aller Leben verändern wird. Plassen-Verlag, Kulmbach 2016

Buer, F. u.a.: Life Coaching. Über Sinn, Glück und Verantwortung in der Arbeit. Vandenhoeck & Ruprecht, Göttingen 2008

Cachelin, J. L.: Offliner. Die Gegenkultur der Digitalisierung. Stämpfli Verlag, Bern 2015

Christensen, C. M.: The Innovaters' Dilemma. When New Technologies Cause Great Firms to Fail. Harvard Business School Press, Boston 1997

Downess, L.: The Laws of Disruption. Harnessing the New Forces that Govern Life and Business in the Digital Age. Basic Books, New York 2009

Ford, M.: Rise of the Robots. Technology and the Threat of Mass Unemployment. Basic Books, New York 2015

Foucault, M.: Überwachen und Strafen. Die Geburt des Gefängnisses. Suhrkamp, Frankfurt a.m. 1993

Frankl, V. E.: Der Wille zum Sinn. Verlag Hans Huber, Bern 1972

Frankl, V. E.: ... trotzdem Ja zum Leben sagen. Ein Psychologe erlebt das Konzentrationslager. Kösel, München 2009

Goethe, J. W.: Faust, Reclam Verlag, Stuttgart 2000

Graf, H.: Die kollektiven Neurosen im Management. Wege aus der Sinnkrise in der Chefetage. Linde, Wien 2007

Helbing, D.: The Automatisation of Society is next. Copyright Helbing 2015

Horx, M.: Zukunft wagen. Über den klugen Umgang mit dem Unvorhersehbaren. Deutsche Verlags-Anstalt, München 2013

Howe, N. u.a.: Millenials in the Workplace. Human resource strategies for a new generation. LifeCourse Associates, Great Falls 2010

Hsieh, T.: Delivering Happiness. A Path to Profits, Passion, and Purpose. Grand Central Publishing, New York/USA 2010

Hüther, G.: Etwas mehr Hirn, bitte. Eine Einladung zur Wiederentdeckung der Freude am eigenen Denken und der Lust am gemeinsamen Gestalten. Vandenhoeck and Ruprecht, Göttingen 2015

Jackson, R. u.a.: The Graying of the Great Powers. Demography and Geopolitics in the 21st Century. Center for Strategic and International Studies, Washington 2008

Joas, H.: George Herbert Mead. A Contemporary Re-examination of His Thought. University of Chicago Press, Chicago 1997

Keese, Ch.: Silicon Valley. Was aus dem mächtigsten Tal der Welt auf uns zukommt. Albert-Knaus-Verlag, München 2014

Kirkpatrick, D.: Beyond Empowerment: The Age of the Self-Managed Organization. Morning Star Self-Management Institute, Woodland 2011

Kohut, H.: Die Heilung des Selbst. Suhrkamp, München 1981

Kolind, L. u.a.: Unboss. Jyllands-Postens Forlag, Kopenhagen 2012

Kruse, P.: Die Führungsmacht ist erschüttert. In: ManagerSeminare 190 vom 20.12.2013, ManagerSeminare, Bonn

Laloux, F.: Reinventing Organizations. A Guide to Creating Organizations Inspired by the next Stage of Human Conciousness. Nelson Parker, Brüssel 2014

Lazarus, R. S. u.a.: Stress, Appraisal and Coping. Springer Pubishing, New York 1984

Leinster, M.: A Logic Named Joe. Baen Books, Wake Forest 2005

Lewis, R.: Fish Can't See Water. How National Culture Can Make or Break Your Corporate Strategy. John Wiley & Sons, Hoboken 2013

Malik, F.: Navigieren in Zeiten des Umbruchs. Die Welt neu denken und gestalten. Campus, Frankfurt 2015

McClelland, D.: Power: The Inner Experience. John Wiley & Sons, Hoboken 1975

McClelland, D.: How motives, skills, and values determine what people do. Erschienen in: American Psychologist, Vol. 40, No.7. Washington 1985

Meister, J. C. u.a.: The 2020 Workplace. How Innovative Companies Attract, Develop, and Keep Tomorrow's Employees Today. Harper Business, New York 2010

Michaels, A.: Die Kunst des einfachen Lebens. Eine Kulturgeschichte der Askese. C.H. Beck, München 2004

Naisbitt, J.: Megatrends. Ten New Directions Transforming Our Lives. Warner Books, New York 1982

Nietzsche, F.: Götzendämmerung oder Wie man mit dem Hammer philosophiert. Insel Verlag, München 1988

Notter, J./Grant, M.: When Millennials Take Over. Preparing for the ridiculously optimistic future of business. Ideapress Publishing 2015

Passig, K. u.a.: Internet – Segen oder Fluch. Rowohlt, Berlin 2012

Ramseyer, L.: Digitale Nomaden (unveröffentlichte Masterarbeit), Schweiz 2014, siehe auch online unter: http://www.digitalenomaden.ch

Rifkin, J. L.: Das Ende der Arbeit und ihre Zukunft. Neue Konzepte für das 21. Jahrhundert. Campus, Frankfurt a.M. 2004

Robertson, B.: Holacracy. Ein revolutionäres Management-System für eine volatile Welt. Verlag Franz Vahlen, München 2016

Robertson, C. u.a.: Das Imperium der Steine. Wie LEGO den Kampf ums Kinderzimmer gewann. Campus, Frankfurt a.M. 2014

Schmidt, E. u.a.: Die Vernetzung der Welt. Ein Blick in unsere Zukunft. Rowohlt, Reinbek b. Hamburg 2013

Schmidt, E. u.a.: Wie Google tickt. Campus, Frankfurt a.M. 2015

Schmidt-Lellek, J.: Life-Coaching als Anleitung zur Selbstsorge. In: Bernd Birgmeier (Hrsg.): Coaching-Wissen, VS Verlag, Wiesbaden 2009

Seel, M.: Versuch über die Form des Glücks, Suhrkamp, Frankfurt a.M. 1995

Semler, R.: Maverick! The Success Story Behind the World's Most Unusual Workplace. Warner Books, New York 1993

SHRM Foundation (Hrsg.): Engaging and Integrating a Global Workforce. The Economist Intelligence Unit Ltd, Alexandria 2015

Sinek, S.: Frag immer erst warum. Wie Top-Firmen und Führungskräfte zum Erfolg inspirieren. Redline, München 2014

Tapscott, D. u.a.: Wikinomics. How Mass Collaboration Changes Everything. Portfolio, New York 2006

Ulrich, P.: Integrative Wirtschaftsethik. Grundlagen einer lebensdienlichen Ökonomie. Haupt Verlag, Bern 2001

Vitjakainen, P. u.a.: Digital Cowboys. So führen Sie die Generation PlayStation. Wiley-VCH Verlag, Weinheim 2012

Ware, B.: The Top Five Regrets of the Dying. A Life Transformed by the Dearly Departing. Hay House, Carlsbad 2012

Weber, M.: Die protestantische Ethik und der Geist des Kapitalismus. C.H. Beck, München 2010

INTERNETQUELLEN

KAPITEL 1

Albergotti, R.: Zuckerberg – Musk Invest in Artificial Intelligence Company, in: Wallstreet Journal online WSY, 21.03.2014, http://blogs.wsj.com/digits/2014/03/21/zuckerberg-musk-invest-in-artificial-intelligence-company-vicarious

Deloitte Schweiz: Mensch und Maschine: Roboter auf dem Vormarsch, 2015, http://www2.deloitte.com/contentdam/Deloitte/ch/Documents/innovation/ch-de-innovation-automation-report. pdf

DPA: Grundeinkommen – Umsonst-Geld für die Finnen, in: Tages-Anzeiger, 25.06.2015, http://www.tagesanzeiger.ch/ausland/Grundeinkommen-UmsonstGeld-fuer-die-Finnen/story/12910949

DPA: Alibaba mit Mega-Gewinn – Aktien im Höhenflug, in: Handelszeitung, 27.10.2015, http://www.handelszeitung.ch/unternehmen/alibaba-mit-mega-gewinn-aktien-im-hoehenflug-898434

Frey, C. B. u.a.: The Future of Employment, Oxford University 2013, http://www.oxfordmartin.ox.ac.uk/downloads/academic/The_Future_of_Employment.pdf

Markoff, J.: Armies of Expensive Lawyers, Replaced by Cheaper Software, in: The New York Times, 04.03.2011, http://www.nytimes.com/2011/03/05/science/05legal.html?_r=0

McAfee, A.: Die Hälfte aller Jobs werden Roboter machen, in: Schweizer Fernsehen, http://www.srf.ch/wissen/mensch/die-haelfte-aller-jobs-werden-roboter-machen

Metzler, M.: Uns braucht es bald nur noch als Konsumenten, in: NZZ am Sonntag, 03.01.2016, http://www.nzz.ch/nzzas/nzz-am-sonntag/uns-braucht-es-bald-nur-noch-als-konsumenten-1.18671111

O'Reilly: Am I Dying? In: TED Talk, 2014, https://www.ted.com/talks/matthew_o_reilly_am_i_dying_the_honest_answer

UBS: Extreme automation and connectivity: The global, regional, and investment implications of the Fourth Industrial Revolution (UBS White Paper at WEF 2016), 2016, https://www.ubs.com/global/en/about_ubs/follow_ubs/highlights/davos-2016/_jcr_content/par/columncontrol/col1/actionbutton.377225366.file/bGluay9wYXRoPS9jb250ZW50L2R hbS91YnMvZ2xvYmFsL2Fib3V0X3Vicy9mb2xsb3ctdWJzL3dlZi13aGl0ZS1wYXBlci0yMDE2Ln BkZg==/wef-white-paper-2016.pdf

WEF Reports: Diverse Reports, World Economic Forum (WEF), 2016, http://www.weforum.org/reports

Wirz, A.: Wer nicht arbeitet, soll auch nicht essen, in: NZZ Folio, September 1993, http://folio.nzz.ch/1993/september/wer-nicht-arbeitet-soll-auch-nicht-essen

Wübbeke J. u.a.: Industrie 4.0: Deutsche Technologie für Chinas industrielle Aufholjagd? In: MERICS China Monitor Nr. 23, 11.03.2015, http://www.merics.org/fileadmin/templates/download/china-monitor/China_Monitor_No_23.pdf

Zucker, A.: Mehr Freizeit wird zum Innovationsmotor, in: Tages Anzeiger, 08.09.2015, http://www.tagesanzeiger.ch/Mehr-Freizeit-wird-zum-Innovationsmotor/story/21988766

KAPITEL 2

Gloger, Svenja: Besser ohne Boss. Interview zum Organisationsmodell Holocracy mit Christiane Schneider, in: ManagerSeminare, Heft 187, Oktober 2013, http://cidpartners.de/fileadmin/user_upload/PDF-Files/managerSeminare-Organisationsmodell_Holacracy-Besser_ohne_Boss.pdf

Kühmayer, F.: Zukunftsinstitut, https://www.zukunftsinstitut. de/

Semler, R.: Radikale Weisheiten für eine Firma, eine Schule, ein Leben, in: TED Talks, Februar 2015, https://www.ted.com/talks/ricardo_semler_radical_wisdom_for_a_company_a_school_a_life/transcript?language=de

Specht, K.: Organisationsansätze jenseits von Hierarchien, in: SGO Drehscheibe Bern, 11.06.2014, http://www.sgo.ch/weiterbildung/sgo-verein/netzwerkgefaesse/ig-interessengruppen/drehscheibe-bern/

Wallner, H.P.: Organisationshomepage, www.hpwallner.at

Wöber, E.: Organisationshomepage, http://www.trainulting.at/

KAPITEL 3

Brandes, N.: Why we need to develop cultural intelligence, in: TED Talks, 04.11.2015, https://www.youtube.com/watch?v=U_xLctX-5M4I

Brown, C.: Lean Startup a bootstrapping guide for budding entrepreneurs, in: TED Talks, 16.11.2011, https://www.youtube.com/watch?v=6aTy1Md02Ao

Gürtler, D.: Die Zukunft der Führung, in: SIB, 2013, http://www.sib.ch/cgi-bin/uploads/neuigkeiten/news_547405605_115641.pdf

Matsui, K.: Investing in Women, in: Womenomics, Goldman Sachs, Oktober 2010, Womenomics 3.0: http://www.goldmansachs.com/our-thinking/investing-in-women/bios-pdfs/womenomics3_the_time_is_now_pdf.pdf

OECD: Diverse Reports der OECD Gender Gap Report- Homepage, http://www.oecd.org/gender/

Reuters: Steigende Löhne zwingen China zu Automatisierung, in: Die Welt, 29.06.2010, http://www.welt.de/wirtschaft/article 8219625/Steigende-Loehne-zwingen-China-zu-Automatisierung.html

Waber, B. u.a.: Der Wert der Gestaltung, in: Harvard Business Manager, Januar 2015, http://www.harvardbusinessmanager.de/heft/d-130747573.html

KAPITEL 4

WEF Reports, World Economic Forum (WEF), Diverse Reports, 2016, http://www.weforum.org/reports